游学天下

TRAVEL THE WORLD
LEARN THE WORLD

《知识就是力量》杂志社　编

U0222682

目录 contents

大美长白山
——秋末冬初去巡山

撰文·摄影/慧雪

长白山的秋末冬初，一般出现在每年的十月中旬以后。此时，山顶已经开始飘雪，受冷空气的影响，山脚下的温度也不是很高。而早晨结霜上冻，呵气成雾的情况则比比皆是。即便在如此的气候条件下，依然阻挡不了小伙伴们追寻的脚步。我们仍会时常聚到一起，因兴趣出发，不为结果，只求一次次钻进山林，在漫长寒冬即将来临之前，去搜寻那些令我们无法忘怀的东西。

到山里采菌子

地大物博的长白山，除了丰富的植物种类，盛产于这个地区的木耳、蘑菇更是久负盛名。从春天里的羊肚菌，到夏日里的榆黄蘑、猪嘴蘑，再到秋季里的榛蘑、冻蘑、

○ 倒木上长满了"冻蘑"

小黄蘑……民谣《东北人都是活雷锋》里的一句"俺们那疙山上有榛蘑",更是让长白山里的蘑菇广为人知。

长白山的榛蘑主要集中在中秋节后两周左右进入繁盛期,所以想有所收获的人们会在这个时间段抓紧时间上山采摘。而在温度更低时便开始生长的"冻蘑",则会给晚秋进山的人们带来一次次不小的惊喜。冻蘑,光从名字上也不难看出它生长的状态——即霜冻的时候生长的蘑菇。冻蘑学名为亚侧耳,是属于侧耳科的真菌。

这一次,在我们巡山的目标中,就有"冻蘑"。晚秋时节,树林间

○ 柳条串着的冻蘑，这是最原始的晒蘑菇方式

Tips

大多数蘑菇是腐生真菌，不能利用阳光进行光合作用，要完全依靠腐木中的营养物质生长发育。低温可抑制杂菌滋生，为蘑菇菌丝成长提供良好条件，温度过高则会使菌丝受损，使它的活力降低。晚秋初冬较冷的气候及腐木枯木中阴暗潮湿的环境正符合蘑菇生长的条件，于是它们会在中雨后如春笋般长出来。

○ 山丁子特写

○ 山丁子像红玛瑙一样挂满枝头

的小虫子已经不再活跃，蘑菇们基本都会保留完整的子实体。由于冻蘑从倒木的木质部中长出且几乎没有菌柄，采摘起来比较费力，最好的采摘方式是用锋利的小刀将它割下来。而冻蘑的子实体又有很大的黏性，容易和其他东西粘在一起，所以，出发前，小伙伴们都会各自准备一把小刀和几个结实的塑料袋，还有必备的涂胶手套，为采摘冻蘑做准备。

根据经验，冻蘑都是成片地生长在椴属树种的枯木、倒木及伐桩上。进林子三十多米远以后，就会看见林子里横七竖八地躺着一些倒木，伙伴们会四散开来，从倒木上寻找冻蘑。如果发现一棵倒木上有蘑菇，在这棵倒木的前后上下再仔细寻找，就会看见一排排的冻蘑在秋日的阳光下闪着黄绿色的光辉，煞是喜人。

由于野生菌类生长在树林里，可能会含有一些我们并不了解的细菌。为了保险起见，山区的人们都会把采下来的新鲜蘑菇晒干、经过紫外线充分杀毒，食用的时候再泡发，然后烹调菜肴。而这一次，我们把采来的冻蘑，用细柳条串成一

串串，挂在通风向阳处，等完全干透，就可以收起来了。

寻找可爱的"红山果"

在长白山，秋末冬初树上的野果大部分已经被山民采摘了。但是，不管是枝头还是草尖，总还会残留一些霜打后更甜的红山果。在众多的红山果中，要数"山丁子"最为耀眼夺目了。

山丁子，学名"山荆子"，是蔷薇科苹果属的多年生小乔木。在树林里，很多野果随着季节落下和被人采摘以后，唯有山丁子的果实，在叶子落光以后，像一粒粒红色的玛瑙挂满枝头，甚至在落雪以后都不会掉落；在经历了一场场霜冻后，山丁子的果实会更加香甜。这种营养成分高于苹果的野果，除了食用外，还可以治疗结核、肠炎等疾病；而且，山丁子作为砧木，和苹果、海棠等果树嫁接，又为这些果树提供了抗寒抗旱和抗病虫害的基因。

寻找这些红山果并不需要走太远的路，有时候我们会徒步走到离家几千米以外的树林。进入林子里也只需抬头看，就很容易看到一丛

○ "红山果"之鹿药果

○ "红山果"之东北茶藨子果

丛挂满山丁子的枝头伸向蓝天，在整个落光了叶子的树林里格外显眼。这时候，我们就会拍照的拍照，摘果的摘果，各自忙碌。由于山丁子株高4～5米，在采摘果子的时候，我们需要把枝条稍微弯一下，但注意不要折断树枝，这样能保护树木。

拍完山丁子，我们并没有马上离开。而是几个人相隔不远的距离继续寻找晚秋的果实。灌木丛里零星的刺玫儿果、茶藨子果，草地上的鹿药果、挂金灯果，它们共有的鲜艳的红色也很容易被发现，都会进入我们的镜头。这些可爱的红山果，是大森林给自然爱好者最美的馈赠。

○ "红山果"之挂金灯果

惊鸿一般短暂——
神奇的"冰冻霜花"

那一天大清早，我和一个伙伴为了去拍叶面上有霜的秋叶，在太阳出来之前就钻进了树林。在刚进入林中的时候，脚边一丛枯草上的状如棉絮的东西在我眼前闪了一下，当时，我以为这只不过是某种会"吐沫"的昆虫的杰作，没做过多的停留，就匆匆地往前走，去寻找我们想要拍的东西了。

知识链接：
什么是"冰冻霜花"

通常发生在秋冬之交或初冬的早晨。当温度极速下降时，饱吸水分的植物根茎或木材在冰冻挤压下裂开，水分因此从裂缝或细孔中渗出，然后被冻结，而裂缝中不断有水分渗出来，推动着前面已被冻结的冰霜向前滑行，于是就形成了这种美丽但又脆弱的冰冻霜花。

○ "冰冻霜花"小群落

○ 一株"冰冻霜花"

直到几天以后，偶然一次翻看微博，读到一篇博文，我才恍然惊觉，我错过了"冰冻霜花"这一种罕见的自然现象。

几天之后，我和小伙伴又一次在大清早走进树林，这一次我们想专门寻找"冰冻霜花"。在第一次遇到这景观不远的地方，我们就发现了几株这样的霜花，仔细观察以后我们发现冰冻霜花只出现在"尾叶香茶菜"的植株上，它形如棉絮、状如纸团，呈放射状地从植物的茎部依次推开，洁白又晶莹。我们来不及做更细致的观察，生怕太阳出来它们就会融化，赶紧将它摄入相机，直至拍到满意的照片才尽兴而归。

○ 雪地里的冬青格外醒目

冬青——在寒冷的山林中倔强生长

要说在东北大地的皑皑白雪里，能依然顽强生长的植物，那就非"冬青"莫属了。"冬青"二字，当然是在冬季里依然青翠的意思了。这是一种学名为"槲寄生"的常绿小灌木，常寄生在杨属、柳属等阔叶树的枝干上。靠吸收树木的营养生长，它绿色肉质的枝叶、红色的浆果点缀在其中，显得甚是可爱。在长白山地区，满族人在萨满祭祀的时候，经常用其熬汤分给族人，以祈求带来好运。在欧洲的很多国家，也经常有人把槲寄生悬挂于门上，抵挡厄运。

我们通常都会在初冬或者天气更冷的时候，在树林里寻找槲寄生，当树叶落尽、百草枯萎，远远地看见高大的树上一团团状如鸟窝的东西，那就一定是槲寄生了。槲寄生是一种寄生在阔叶树上的植物，革质的叶片四季常绿，因此很容易在冬天被发现。槲寄生有醒目的红色和白色的浆果，这些果肉富有黏性的果子被鸟儿吃掉以后，它们把粪便留在它们喜欢停留的地方—树枝上，于是这些具有黏性的不易掉落的种子在三五年后就在树枝上生根发芽，它们把根插入树皮中吸收水分和无机物，进行光合作用制造养分，从而长成具有二叉分枝、多枝簇生、状如鸟巢的美丽物种。

……○ 悬挂在树枝顶端像鸟窝一样的槲寄生

○ 雪落丹枫叶

初雪飘落
——用相机记录长白山的美

撰文·摄影/慧雪

晚秋初冬，长白山大地已经陆续出现了霜冻和飘雪的天气，但此时的大地还没有完全被白茫茫的大雪覆盖，很多在秋季里没来得及凋零的叶片和果子，众多顽强的菊科花朵和一些枯败的野草、庄稼所构成的唯美画面，也会一次次成为摄影爱好者镜头中的拍摄对象，让我们的每一次行摄活动都有所收获。

在初雪中拍摄植物的
小锦囊

○ 挂霜的悬钩子叶片

其实，在初冬时节，还不会有大面积的很厚的降雪，但是如果偶有冬雪飘落，拍摄雪中的美景便成了伙伴们的最爱。而想要拍出漂亮的雪景照片，个人总结，应该注意以下几个方面：

第一，时间地点的选择。初冬时节，只有早晚温度较低，一般到中午10点之后温度就会上升到10℃以上。这时候，早起出行就很有必要了。我们一般会几个人约好，在早晨7点左右出发，到达目的地

也不会超过8点，此时太阳刚刚升起，叶片和花上的霜雪也还没融化。一旦选定目标，就要快速行动，几个人多角度、多方位地拍摄，就很容易拍到满意的照片了。旋覆花、红叶、白雪下的黄色绿色叶片，这

○ 有雪的早晨拍的菊科旋覆花

○ 摆拍雪落红山果

些都会成为漂亮的素材。

关于拍摄地点，一般情况下，我们都会选择就近的树林，不需要走太远的路，以免体力消耗过多。秋末的树林，树叶基本落尽，视野比较开阔，拍摄对象也大多是随机的。一些未谢的花、未落的叶、未采的果，都可能进入我们的镜头，加上合适的光线和合理的构图，拍出漂亮的照片也是很容易的。

TIPS:
手机拍摄雪景的小技巧

行摄路上，遇到美景，怎能不发到朋友圈与朋友分享呢？手机拍摄初冬的照片说起来也并非难事，一般我们外出都会随身带一款高像素的具有防冻功能的智能手机以便随走随拍。看到美景，对着拍摄对象，选好角度，等取景框里面的图像清晰以后，就可以按下快门了。而大多数手机的广角功能，又能让我们拍到大范围的图景，也不失为一个好的选择。

第二，摆拍。拍摄雪中的景色，很多时候我们选取的拍摄对象并不及想象中满意。比如，红色的果子上如果能落一层白的雪，意境就要

○ 初雪飘落在高高的山岗上

唯美很多。这时候我们就可以在背阴处找来一些雪，撒在红色果子上面，以达到想要的效果。比如我们拍金银忍冬的果实，点缀上一些白雪后，感觉就不再单一了。有些时候，我们想拍摄到高处植物的清晰画面，就需要借助摆拍来完成。比如我们想拍槲寄生的特写，在保证安全的前提下，会爬树的小伙伴也会把在矮处的槲寄生采下来，插在雪地里，任由大家欣赏和拍照，这给寒冷的冬季增添了丝丝暖意。

○ 长焦远景下的旷野中已经长着槲寄生的树

第三，长焦。我们选的长焦镜头是 70 ~ 300mm 这样适合拍远距离景物的镜头。这一类镜头不管是拍摄高处的鸟、植物或者花果，都足够用了。而我们在树林中行走，会时常遇到鸟儿划过蓝天、果实挂满枝头、树叶仍在树梢……此时这款长焦镜头就可以派上用场了，而且也能保证我们在行摄的旅程中不留遗憾。

行走在云端之上
——探访雀儿山

撰文·摄影/高承

雪山的美丽和神秘，吸引了无数人为之付出一生。曾经有记者采访著名的登山家乔治·马洛里，问他为什么要去攀登珠峰，他回答，因为山在那里。对很多人来说，也许没有机会亲自去探访雪山丰富的生态环境。不过还好，我们可以借别人的眼睛，去欣赏大自然展示给我们的美景。

○ 雀儿山

缘起那是一个让梦想飞翔之地

第一次知道雀儿山是 2010 年，那时我在川西旅行，一路来到新路海，这汪瑶池碧水映衬着的便是雀儿山硕大的山体。那些清晰可见的冰川，当时就令我产生了一种想要攀登的冲动。如今，这个愿望终于实现。对我而言，雀儿山就是让梦想飞翔之地。

雀儿山矗立于青藏高原东南部沙鲁里山脉北段，四川省甘孜藏族自治州德格县境内，藏语叫"绒麦俄扎"，意为雄鹰飞不过的山峰。当地居民称它为"措拉"，有犹抱琵琶半遮面的意境。雀儿山主峰高6168 米，周围有 20 多座 5000 米以上的群峰，巍峨壮丽，直入云霄。

我们在雀儿山主峰脚下扎下 C1 营地，在这里可以俯瞰山脚下美丽

○ 积雪覆盖的雀儿山

攀登雪山的注意事项

攀登冰川和雪坡要特别谨慎，应数人结组行动，彼此用绳子连接，相邻两人之间的距离为 10～12 米。在前面开路的人，要经常探测虚实。后面的人一定要踩着前面人的脚印走，这样比较安全。通过裂隙上的冰桥时，要匍匐前进。

雪坡行进不仅要注意防裂隙，还要注意不要将雪蹬塌。如果雪很松软，而又必须由此通过时，应匍匐行进。

如被卷入雪崩，应在移动的雪流中勇猛地反复做游泳动作，力求浮到雪流表面。因为雪崩停止后手脚就难以活动，应在雪流移动期间尽量浮出雪面。被埋入雪中后，让口中的唾液流出，看流动的方向，确定自己是否倒置，然后再努力自救。

的湖泊新路海。新路海是这片湖泊的汉语名字,在藏语里叫玉隆拉措。雀儿山的冰川不断向山下移动,侵蚀了山谷,而冰川中的冰碛物又阻塞了河谷的出口,从而形成了玉隆拉措这座冰川湖。雀儿山冰川的融水不断注入玉隆拉措,使得湖水最深处有75米。

出发感受雀儿山冰川的壮美

雀儿山以及山脚下冰川融水形成的新路海地区是国内目前最为完整的综合生态系统保护区,涵盖了雪山、冰川、森林、草原、湿地等多种生态体系。无论从欣赏风景还是科学考察的角度出发,雀儿山一带都可说是国内首屈一指的重点自然保护地区。

从C1营地出发,我们踏上了雀儿山发育完整的冰川地带。冰川也称冰河,年平均气温在0℃以下的地区,由于降雪量大于融雪量,不断积累的积雪经过一系列物理变化之后转化为冰川冰。冰川冰在重力的作用下向坡下运动,就逐渐形成

○营地的灯光柔和温暖,映衬着白雪皑皑的冰山,在自然中,人类文明的光芒显得格外耀眼

○从C1营地出发,漫长的雪山之路正式开始,脚下是雀儿山宽大宏伟的冰川,C1营地建在雀儿山冰舌末端

了这种独特的地貌。

在南极和北极圈内的格陵兰岛上,冰川是发育在一片大陆上的,所以称之为大陆冰川。而在其他地区,冰川只能发育在高山上,所以称这种冰川为山岳冰川。雀儿山的冰川便是典型的山岳冰川。

因为融水侵蚀、地壳运动等原因,冰川上会形成无数的冰裂缝。要想登山,就要不断地从裂缝旁边走过或是从上面跃过。大部分冰裂缝深不见底,一开始总让人战战兢

TIPS:
山地种类的划分

山地种类可划分为极高山、高山、中山、低山和丘陵。绝对(海拔)高度大于5000米,相对高度大于1000米的山地称为极高山;5000米以上的极高山(以我国所处的纬度来讲)终年积雪不化,冰川分布广泛。如我国的喜马拉雅山、天山、昆仑山、喀喇昆仑山、唐古拉山、冈底斯山等。

兢。后来见得多了，又想到自己和
队友是有绳子连着的，才渐渐放松
了下来。

登顶为了看到更好的自己

经过艰苦的攀登，我们终于安
全地走过了冰川地带，到达了 C2 营
地。休整之后，就开始向 C3 营地进
发。这段路上没有了宏伟的冰川，
却更加危险。两旁高耸的冰壁、被
白雪覆盖的看不见的冰瀑，随时都
可能要了我们的命。

"想看到别人看不到的风景，
就要站在别人站不到的高度。"当
我真的站在 C3 营地极目远眺，更能
体会此段话中的含义。夕阳下，透
过帐篷，欣赏着天际间光影的瞬息
万变，金色的暮光布满山峰，随之
又渐渐地褪去，直至黑暗降临。在
这里，时光的流逝可以随着光影的
变幻被真切地看到，随着刺骨的寒
夜被真实地感受到。在雪山上的每
一个夜晚，我们都依偎在帐篷中，
任凭帐外狂风暴雪，我们始终内心
坚定并充满着希望。在雪山的每一
个清晨，我们从晨光照耀着的逐渐
温暖的帐篷中醒来，欢喜并充满着
热情，感叹阳光是自然赋予人类多
么美好的礼物！

○ 右侧为大片冰裂缝区域，我们穿行于此，在领队的带领下七拐八绕，惊心而又平稳地度过危险路段

◎ 从C1营地出发，行走在冰川之上，起初不时会遇到冰川融水形成的冰河，河水颜色碧蓝。大家管这些冰河里的水叫作"恐龙水"，因为这些冰泉都是千万年冰川融水而成，喝起来口感甘甜

◎ C3营地的日落，珍惜最后一缕的阳光，五分钟后，狂风夹杂着冰雪侵吞了我们的营地，寒冷让我更向往光明 ●

冰川存在于极寒之地。地球上南极和北极是终年严寒的，在其他地区只有高海拔的山上才能形成冰川。我们知道越往高处温度越低，当海拔超过一定高度，温度就会降到 0℃以下，降落的固态降水才能常年存在。冰川学家称这一海拔高度为雪线。

◎ 成功登顶后，大家高兴地聚在一起合影

○ 向C2营地进发的路上，大家结组保护，渡过冰瀑区

　　冲顶日，我们遇到了大雾。通向顶峰的路能见度很低，道路两边就是数百米的悬崖，不过因为有大雾的遮挡，我们根本看不清悬崖，心里倒也少了一些恐惧。距离顶峰还有 20 米左右的时候，已经几乎无路可走，我们低着头小心翼翼地攀登，前进的速度非常缓慢。因为大家只顾低头看着脚下的路，连已经到了山顶都没有注意到。直到领队提醒，才发现旁边已经没有更高的可以攀登的地方。这个时候，才深刻体会到千里之行始于足下的道理，只要专注于眼前的路，再遥远的目标也一定能够到达。

　　下撤的路走得比较顺利，大家归程心切，拔营当天午夜就赶到了甘孜县城。五天后，当我躺在家中久违的床上时，才深深地喘了口气，自己终于安全地完成了这趟充满挑战而又震撼心灵的旅程。

　　从第一次看到雀儿山，到成功登顶，其中经过了四年。这四年，经历了很多事情，雀儿山一直是我心中遥远又真实的一个梦，而我一直没把它忘记。直到站在山顶，俯瞰脚下的大好河山时，我知道这四年的坚持并没有白费，我终于站在了这里。所以说，人是一定要有梦想的，只要能不断为了梦想努力，也许在某一天，梦想就真的实现了。

教你如何拍雪景

撰文 / 高承

冬天来了，好期待下雪啊。看着别人拍出来的美丽雪景，是不是觉得很眼馋？雪景该怎么拍才好看？现在我们就来学习一些拍雪景的小技巧吧。

○ 雪地上的小动物

选择最佳拍摄时机

冬天的早晨有很多美妙的景象，所以最好赶在太阳完全出来之前出门，这样就不怕太阳把冰雪融化掉了。不仅如此，在还不太明亮的晨光中，蜘蛛网、草上的露珠、覆盖着雪的浆果都能成为不错的拍摄对象，让你拍出浓浓的冬天的气息。

刚开始下雪时不必急着出门，要等到地面都已经被白雪覆盖，拍出的雪景才有味道。当雪正在下时，也可以尝试一下，但不要使用闪光灯。这时候光线亮度比较低，相机

会自动认为需要使用闪光灯。要把相机调到关闭闪光灯的模式，不然近处的小雪片会反射光线，在照片上造成大片模糊的斑点。

如果你有三脚架，并且你的相机可以调整快门速度，那么可以尝试一下把相机放在三脚架上，把快门速度调低，就能够拍出雪片落下时的轨迹。

雪刚停的时候应该是最好的拍摄时机了，这个时候地面还没有被人群踩得都是脚印，街上的行人也不算多。树上、车上、装饰物上覆盖的白雪都还很完整，你完全可以选择任何自己想要的角度和位置。

如何设置相机

要想拍摄到一张良好的雪景照片，一是要用好手动白平衡，二是要用好曝光补偿。通常在雪天，天气会显得较为阴沉，但一般而言，数码单反照相机的自动白平衡在阳光充足的情况下容易得到正确的色调，而在这种天气条件下往往不能得到最准确的效果。如果使用自动白平衡，那么拍摄到的雪景将会发灰，看上去缺少通透的感觉。为了避免这种情况，我们可以将白平衡设为手动，然后对着白雪按

◯ 寻找枝头的果实，为冬天增添色彩

◯ 在太阳没有完全升起来时顺光拍摄，照片会显得明亮

下快门键，就能得到色调更好看的照片。

曝光补偿该怎么使用呢？通常，拍摄雪景时要增加一档曝光补偿。因为下雪天容易出现大面积的白色，相机的测光系统会认为"现场光线较亮"，容易出现曝光不足的情况。曝光不足也会导致拍摄的白雪发"灰"，所以，适当增加曝光补偿，画面将会显得更明亮，效果会更好。

当然，所谓的这些拍摄技巧，都是针对直接出片的情况而言。如果你修照片的技术非常好，那么完全可以后期再调整白平衡和曝光补偿。

应该怎么构图

要想拍出好照片，可以没有好相机、好技术，但是绝对不能不会构图。拍雪景的时候当然不能只拍雪，加点其他东西在里面，照片才显得更生动，更有味道。

比如说，拍一根堆满雪的树枝，

○ 拍摄雪景时，适当增加曝光补偿，画面将会显得明亮

特别提醒

在下雪天拍照，一定要用透明的塑料袋罩住你的相机，在镜头的部位留一个洞，并用橡皮筋固定住。如果是单反相机，请在镜头前面装上滤镜以保护镜头。照相机属于精密仪器，一旦进水损坏，会很难修理。

保护好了相机，当然也要保护好自己。下雪天气温低，外出要穿好衣服，戴好手套和围巾，可千万别因为拍照而把自己冻感冒啊。

可以通过调整角度创造一个抽象的图案。还可以去寻找雪地上的痕迹，小狗跑过的爪子印或是人走过的脚印都能呈现出有趣的形状。在拍摄的时候，记得要选择合适的角度并确保有阴影，那样才有立体效果，否则这些印记会很难看。

当然还可以自己在雪地上堆雪人或是画出好看的图案，多利用点手边的小道具，能拍出意想不到的可爱效果。

雪域鹤影
——探访大山包黑颈鹤自然保护区

撰文 / 李文静　摄影 / 和之雪

在中国的传统文化中，仙鹤是神圣、高洁、德行美好的象征，是文人墨客笔下的神鸟，"鹤鸣九天"更成为人间难得听闻的神话天籁。然而在云南省东北部乌蒙山系的一个高寒山乡中，村里的孩子们从小就听着黑颈鹤的叫声长大……

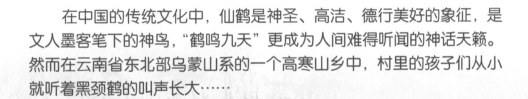

○ 昭通大山包，传说中摄影人必去的地方。冬日的大山包一片冰清玉洁、晶莹剔透，这个时候光临大山包，你会恍若走进了天堂

○ 飞行中的黑颈鹤

冬日大山包：
雪的世界，鹤的天堂

大山包乡位于昭通城区西部。2004 年，大山包省级自然保护区新发现了 5 种鸟类，其中，被誉为"鸟类熊猫"的黑颈鹤，是中国特有的鸟类，也是唯一生活在高原的鹤类。黑颈鹤为国家一级保护野生动物，并被列为世界濒临灭绝的珍稀鸟类。据统计，每年来云南东北部越冬的黑颈鹤种群数量在 3000 只左右，云南成为全球最大的黑颈鹤越冬地。

黑颈鹤"来不过九月九，走不过三月三"，即从每年的十月底至次年的四月初，它们在这里度过温情的冬季。

在这个几乎与世隔绝的山乡，一只只黑颈鹤犹如天国的精灵，在雪后半封冻的湖泊和小水库边悠然地起飞、翱翔、降落，尽情享受未被污染的家园。这里的草甸，这里的霜晨，这里的冰花，为它们提供了自由嬉戏和起舞弄影的背景。它们戏水的风姿，游天的倩影，给大山包寂寥的冬天增添了精彩的内容。

晨起浓雾：
在童话般的世界寻鹤

日出时分，是拍摄黑颈鹤起飞觅食的不二时机。

我们6点半起床，背上沉重的摄影设备，跨过结冰的小溪，呼着白气，爬上村边一座小山。忽然，远处传来第一声黑颈鹤的鸣叫，接着一群鹤先后开始鸣叫，我们知道这是鹤群醒来了。

浓雾里，我们分头寻找牧羊人在山坡上挖出的避风土凹子，将拍摄设备架起来，对准东方群山的山脊线，那里是太阳升起的地方。不一会儿，就会有黑颈鹤从湖里起飞，从冬日红红的阳面前飞过，到不远处的山地田野中去觅食。

最好的拍摄时机，往往就在太阳初升时的1分钟内，过了这短暂

○ 清晨是拍摄黑颈鹤最好的时机

○ 黑颈鹤引颈高歌的倩影

的一瞬间，阳光迅速变得刺眼，就拍不到什么了。不一会儿，雾开始消散，鹤群的叫声越来越密集。10点左右，黑颈鹤陆续起飞，在长焦镜头里，很容易就发现多数黑颈鹤起飞时脚上都戴着一个或两个冰环。黑颈鹤是以家庭为单位生活的，两只黑颈鹤是一对新婚夫妇，三只到四只黑颈鹤是一个家庭，而一只黑颈鹤，要么是单身的青年，要么是丧偶的孤鹤。孤鹤很可怜，它必须在鹤群中担任警戒任务，还不得与其他黑颈鹤争食。

一只黑颈鹤突然从我们眼前飞过，那悠长的鸣叫仿佛能传到天边。放眼望去，海子里的黑颈鹤正一拨一拨地起飞去附近的田地里觅食，果然只有它是"耍单帮"的。昨夜它把两只脚都立在水中，水面结冰，

○ 水边的三口之家

一夜站下来脚被冰面固定住了。于是它用嘴啄，来回晃动爪子，把脚挣脱出来，然后扇动翅膀，开始一天当中的第一次飞行。当它飞上天空时，双脚上还留着两个亮晶晶的冰环。

湖泊冰面：
黑颈鹤捕鱼现场

我们走着走着，突然在路边的草地上发现了几只黑颈鹤。原来是

角度来看，黑颈鹤是一种十分古老的动物，始终保持着适度而有限的繁殖。雌鹤每年只产两枚蛋，通常在自然竞争中只留下一只雏鸟。雄鹤和雌鹤就尽心地抚养这只小鹤，因此，三口之家是最常见的。

跳墩河其实就是白色山峦环抱中的一个湖泊，由湖里流出蜿蜒曲折的径流滋润着周围丰美的水草地。我们爬上一个较高的山坡，美丽的景色尽收眼底。下面不仅有大群黑颈鹤，还有各种叫不出名字的水禽。在深蓝色的天空里，不断有鸟群起飞，不断有鸟群降落，各种叫声混杂在一起，像一场音乐会。我的任务是数数鹤有多少只，这可不容易，在我看来每只鹤比蚂蚁大不了多少，手边又没有望远镜。只好采取"数两遍再除2"的方法。费了好大劲，数得"120只左右"。

在黑颈鹤每天的生活中，觅食是最重要的组成部分。早晨，我拍到一只黑颈鹤难得捕到一条鲜鱼。它慢慢走在沼泽里，低着头使劲看，忽然迅速用尖嘴啄下去，一下便叼了起来。然后，它低调地穿过捕鱼高手苍鹭，鱼夹不住了，低头重新夹一下。几个同伴眼馋，渐渐向它逼近。就在它重新叼起鱼走了没多远，一大群黑颈鹤向它发

一家三口在觅食，个头大一些、东张西望的是雄鹤，个头小一些、忙着觅食的是雌鹤，那翅膀上的羽毛呈浅褐色、到处乱跑呱呱叫的是小鹤。因为年纪小，它脖子上的绒毛还是白色的呢！从生物进化的

◎ 黑颈鹤捕鱼的时候旁边经常会有各种鸭子、雁等鸟类等着分享美食

起进攻，把它逼到水里，终于，一只强壮的雄鹤从它嘴里夺下了这条鱼。

冬天水面冰封之后，赤麻鸭、斑头雁、黄鸭、白鹭等对冰面之下的小鱼只能干瞪眼，唯有黑颈鹤能用自己的尖嘴轻易破冰取鱼。有时候会出现这样的景象，一些黑颈鹤用嘴将冰面凿出一个窟窿，从里边叼出一些小鱼放在冰面上，这时，旁边的赤麻鸭、绿头鸭、黄鸭等野鸭和斑头雁、黑鹳等鸟类迅速围上来，啄食这些美食，而正在捕食的黑颈鹤对此居然视而不见，仿佛是特意请它们吃大餐一样。不仅如此，黑颈鹤再次捉到小鱼后，还会将小鱼放在其他候鸟的中间，任其争食。这真是奇妙的景象！

人与鹤：和平相处亦有道

中午 12 点，村姑小陈出门给黑颈鹤投食。为野生黑颈鹤补充投喂食物，是这里保护黑颈鹤的措施之一。大山包土地贫瘠，作物产量低，百姓刚刚解决温饱问题。往年，黑颈鹤飞到田地里啄食农民辛苦种下的土豆和玉米，人鹤之间产生了严重的争食矛盾。政府和保护区在严寒的冬季适当给黑颈鹤补充食物，能帮助这些候鸟顺利越冬，更能帮助村民与黑颈鹤和睦相处。

小陈每天为黑颈鹤投喂三次食物，分别在早上 7 点半、中午 12 点、下午 4 点半。食物主要是玉米，每次 30 千克，全部是用背篓和提篮装着背到海子边去。

黑颈鹤认得她的红色羽绒服，它们知道她要做什么。她一出现，整群鹤便全都望向她，跟在她后面小跑，离她只有三米左右。三米，可能已经是黑颈鹤和人类之间最近的距离了。北方人工饲养的丹顶鹤可以和人共同嬉戏，但是野

○ 黑颈鹤在雪山前飞过

○ 雾气笼罩的小村庄，水边的黑颈鹤，仿佛仙境一般

性极强的黑颈鹤对人非常警惕。普通人若是穿颜色鲜艳的衣服出现在百米开外，都可能把它们吓跑。

开春后是成年鹤们求偶的大好时光。成年鹤至少五岁才能对异性产生兴趣。雄鹤们为争夺一只雌鹤，往往使尽浑身解数，展示优美的舞姿，雌鹤则在一旁优雅观望。舞蹈停止后，雄鹤又是引颈高歌，又是展翅鞠躬。如果雌鹤对哪只雄鹤动了心，它就会应声歌唱，接着，它们两个一道翩翩起舞、高声歌唱，这就算"婚礼"结束了。然后，它们双双返回芦苇丛中共建新房。

寻找童话之外的小狐狸

撰文 / 三北大猫

狡猾、偷鸡、有骚味——在我们从小听的故事里，狐狸是典型的不干好事的坏蛋。但真正生活在大自然里的狐狸是什么样的？真有那么坏吗？让我们跟随作者的镜头，去太行山的山谷寻找这童话之外的小狐狸。

TIPS:
野外观察注意事项

1. 服装低调隐蔽；
2. 不大声喧哗，不破坏野外环境；
3. 远距离无干扰观察，不要骚扰野生动物；
4. 建议配备 8 倍望远镜。

○ 第一次邂逅（摄影／三北大猫）

○ 夜遇小狐狸（摄影／黑鹳）

第一次亲密接触—— 早春

那是一个清晨，我们驱车行进在太行山山脉的一条山间小道上。旁边的农田还是一片荒芜，淡淡的薄雾弥漫在山间，阳光穿过雾气洒在大地上。忽然，我看到远处田边一棵大树下蹲坐着一个小小的身影，定睛一看，是一只狐狸。

停下车，我用望远镜仔细观察。这是一只刚刚成年的狐狸，身上依然披着灰黄色的冬毛，很显然，阳光使它非常惬意，它蹲在那里是在享受日光浴。我下了车，慢慢地朝它走近，它看到了我，并没有感到不安，而是好奇地看着我。我走到距离它几十米的地方停下了脚步，以免把它吓跑。对视了几分钟后，我转身走回车上，狐狸则继续蹲在那里，目送我们离开。

这是我第一次在白天近距离地观察狐狸，和以往夜间那些偶遇不同，这只狐狸并没有表现出惯有的机警和敏感，没有撒腿就跑，而是允许我靠近。我想这或许和当地农民善待动物、不伤害它们有关，这里的狐狸并不怕人。

这种狐狸的学名叫赤狐，是一种广泛分布于亚洲、欧洲和北美洲的中型犬科动物。通常我们都把狐狸形容成"狡猾的"，在不少神话传说中它们以"狐狸精"的身份为非作歹，然而我遇到的这只狐狸却显现出可爱美丽的一面。为了更多地了解这种动物，我们决定对狐狸开展一次野外考查。

雪地上的足迹链——初冬

第一场雪后，我们考察队一行四人来到一个有各种动物出没的山谷。靠着地面上的积雪，我们希望能顺利找到狐狸的踪迹，循着踪迹我们就能知道它们的活动区域，用红外触发相机来拍摄它们。

这里地处太行山北段，不远处有一条高速公路通过，但山谷里却无人居住。我们一边步行进山一边仔细观察，很快，雪地上的各种足迹多了起来。最明显的是雉鸡，这些俗称野鸡的家伙在雪地上到处行走，扒拉雪地下面的草籽等食物；

延伸阅读：
赤狐档案

中国有三种狐狸，它们分别是赤狐、沙狐和藏狐，我们通常所说的狐狸都是指赤狐。赤狐是这三种狐狸中体型最大的一种。

外貌：头体长 500~800 毫米，尾长 350~450 毫米，体重 3.6~7.0 千克。一般为红褐色，腿长而细，黑色，腹部白色，尾尖白色。

食物来源：主要由小型地栖哺乳动物、兔类和松鼠类组成，还包括一些鸟类、蛙类、蛇类、昆虫和植物。

栖息地：喜欢开阔地和植被交错的灌木生境，可见于半荒漠、高山苔原、森林和农田。

活动范围：每天活动范围达 10 平方千米，领地不重叠，冬季领域比夏季大。

繁衍：一夫一妻制，双亲共同照顾幼崽。每年 3~5 月幼崽出生，每胎产仔 1~10 只。

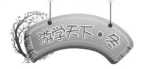

不时还有松鼠、田鼠那些小家伙们横穿小道，继而消失在路旁的灌木丛里。这让我们感到很欣慰，小型动物的数量将直接影响到狐狸，只有具备丰富的猎物，狐狸才能生存下去。"狐狸！"走在前面的队员喊道。我们闻讯赶去，看到一串清晰的足迹从旁边山坡上沿着小路一直延伸到山谷里。我蹲下仔细观察，这是非常新鲜的足迹，大约5厘米长，3.5厘米宽，略呈"品"字形的足垫和4个椭圆的脚趾非常清晰，脚趾前面的爪尖也在雪里留下了淡淡的压痕；足迹边缘清晰，雪粒尚未塌陷或者融化。这个发现让我们

○ 雉鸡（红外触发相机拍摄）

精神振奋，我们把足迹的尺寸记录下来，跟随着这串足迹继续前行。不愧是典型的食肉动物，这只狐狸很自然地顺着小路行进，它避开难走的草丛和岩石，有时会在结冻的冰面上行走。狐狸有自己的领地，

○ 褐马鸡（红外触发相机拍摄）

○ 雪地里的赤狐（红外触发相机拍摄）

其面积从几平方千米到数十平方千米不等。这就是它的家园，如无意外它不会离开这片领地。狐狸在自己的领地里巡视，有时会通过排便

来标示自己的存在，以赶走那些外来的狐狸并警告一些竞争者，维护自己领土的主权不受侵犯。

足迹链依然在延伸。我们发现这只狐狸不时地离开足迹主径，跑到一边的草丛或者石头堆里去寻觅一番，这是它在伺机捕猎。狐狸的嗅觉、视觉和听觉都非常灵敏，它主要以各种老鼠、松鼠、野兔等啮齿类动物为食，也会捕猎雉鸡、褐马鸡等雉类，此外，它们还会吃一些植物，例如此时还留在枝杈上的沙棘。最后，我们发现在山谷里的一个拐弯处，

延伸阅读：
狐狸的骚味

赤狐尾巴根部有一个约 20 毫米长的尾下腺，这里会散发出浓烈的臊臭味。这种味道通常被狐狸用于信息传递，意思是："我在这里。"

○ 雪地上清晰的赤狐足迹——我们用工具记录下它的尺寸并拍照（摄影／三北大猫）

雪地上的足迹一片混乱。仔细辨认，我们发现这里面还有野兔的足迹，很显然，这只狐狸在此处发现了一只野兔，并进行了一番追猎。

我们探访了山谷里的大部分地方，从阔叶林带到针叶林带，从谷底到山梁。我们统计了雪地上出现的动物踪迹，初步判断这里应该至少有两只狐狸在活动，与之相伴的还有几只豹猫、一群野猪和几只狍子。此外，还有一只金钱豹曾经从这里经过，毫无疑问它是这里的霸主，但它似乎并没有留下太多的痕

○ 赤狐的足迹链（摄影／三北大猫）

○ 猪獾（红外触发相机拍摄）

迹。对狐狸来说，豹是一个巨大的威胁，虽然豹的主要猎物是野猪、狍子等大型有蹄类动物，但遇到狐狸也不会轻易放过。

我们在一些动物最有可能出现的地方安装了数台红外触发相机，这些相机会在动物经过的时候自动拍摄，这样我们就可以清楚地了解到动物们的活动情况了。

偶遇狐狸家庭——第二年春季

半年以后，我们再次光临这个山谷。

时间到了五月底，和上次的千里冰封万里雪飘不同，此时的山谷里已是春意盎然。树木花草一片翠绿，虽然在一些阳光难以到达的地方仍有冰雪残留，但小溪潺潺的流水和溪水里的蝌蚪已经宣告春季的到来。一只金雕在我们头顶盘旋，这也是狐狸的潜在威胁。没有了积雪，我们很难看到动物活动的痕迹，但偶尔出现在岩石上的狐狸粪便却明白无误地告诉我们：狐狸们还在。

然而没走多远，我们看到了令人沮丧的一幕：一具新鲜的狐狸尸体倒

○ 野猪（红外触发相机拍摄）

在路边。我们检查了一下它的尸体，这是一只正值壮年的狐狸，身体健硕，身上没有任何伤痕，我们怀疑它是被毒死的。由于偷食农民家的鸡鸭，狐狸、豹猫被毒死的事件经常耳闻，没想到这次就发生在我们眼前。

这让我们心里十分忐忑。红外触发相机是否能拍到狐狸？我们会不会一无所获？

好在结果令人欣慰。除了两台相机因故障没有工作，其余的相机都如实地记录下这半年来山谷里发生的故事：在山谷里平坦的林间溪边，一群野猪不时地造访，此时小

野猪已经出生，七八只满身条纹的小花猪跟随母猪在长出新草的地上四处拱食。一只母狍子也偶尔光临此地，悠然自得地吃草喝水，跟在它后面的是一只出生不久的小狍子，它已经能够稳健地跟着妈妈活动。在冬季那些最冷的时候，一群珍贵的褐马鸡来到避风的谷底，在这里觅食。而在冰雪开始消融的三月，猪獾结束了冬眠开始活动。山梁上，一只健壮的豹猫出现在镜头里，起初它对相机十分好奇，就像一只家猫一样来打探了一番，后来便视若无睹了。几只雉鸡、一只公狍子也

不时出现，但它们都是匆匆经过未做停留。豹并未出现，也许它只是短暂地经过此地，然后去往它更喜欢的栖息地了。

狐狸终于现身。我们看到有一对狐狸出现在谷底的相机前，令人欣喜的是它们的活动非常频繁，从黄昏到次日清晨，都可以看到它们匆忙的身影来来去去，而且嘴里经常叼着食物。这说明它们的巢穴就在不远处，小狐狸应该已经降生。

通过拍摄记录我们发现，随着小狐狸的出生，狐狸父母的活动范围开始增大。在此之前，它们几乎

◯ 狍子（红外触发相机拍摄）

◯ 豹猫（红外触发相机拍摄）

从不涉足豹猫占领的山梁，豹猫也极少出现在它们的家门口；而五月以后，狐狸开始出现在豹猫的活动范围内，很显然要把孩子喂养大，它们需要付出更多的努力。这不禁让我们担心，虽然豹、猫不会对成年狐狸形成威胁，但如果它认为狐狸是威胁的话，它完全可能杀死小狐狸。不过我们发现狐狸父母带回家的基本都是松鼠、田鼠和小野兔，这些小型动物在此地的数量比较乐观，足够狐狸和豹猫分享，或许我们的担心是多余的。

圆满的"结局"——
第二年秋季

十月是收获的季节，山里的秋色比城市里到来得更早，此时山谷里满目金黄，枫树和爬山虎则在金黄中挑染出几片鲜红。我们再次来到狐狸出没的山谷，回收了所有的红外触发相机。那些小狐狸是否安好？小狍子是否已经长大？豹、猫家族是否有了新成员？我们迫不及待地想要知道山谷居民的生活情况。

○ 赤狐叼着猎物准备返回巢中（红外触发相机拍摄）

○ 山间的秋色（摄影／三北大猫）

　　红外触发相机没有让我们失望。一共有三只小狐狸出现在镜头里，遗憾的是，这是它们第一次露面，也是最后一次。在六月的一个夜晚，雌狐带着三只小狐离开了这个地方，我猜想，主要原因是当地牛群的活动越来越多。其实不只是狐狸离开了这里，狍子和野猪在此地的活动也减少了。只有猪獾基本只在夜间活动，牛群对它们的影响并不大。不过狐狸一家并没有远离，因为我们还是可以看到成年狐狸偶尔出现，我们推测这窝小狐狸应该已经健康长大了。

　　野外调查结束的那一天，我们在山里工作到晚上，然后开车返回。在距离山谷不远的一处农田边上，车灯照射下，一只幼年的小狐狸出现在路边。我们把车停在距离它很近的地方，它看了看我们，依然兴高采烈地在草丛里扑着什么，丝毫不顾忌我们的存在，就像一只贪玩的小狗。我们看了一会儿，驱车离开，留下它在那里独自玩耍。这或许是另一窝狐狸幼崽中的一员，小狐狸的出现让我们对这片山地充满了希望，但愿这些小家伙能一直这样悠然自得地在山林里游荡、嬉戏。

　　（本文所有红外触发照片由中国猫科动物保护联盟和小五台山自然保护区提供）

冬季到台北来看风物

撰文 / 刘易楠　绘图 / 蔡帆捷

冬季的台湾会下雨，就像北方会下雪那样平常。南国的景色郁郁葱葱，很少有植物会按时落叶，甚至樱花也会在二月绽放。这时，来一场自然之旅。

◉ 2月6日台北冬天的叶子

在阳明山的林下漫步，一个不小心，就捡到了一片自然形成的叶脉书签！在叶片当中，叶肉部分肥嫩多汁，而叶脉部分没什么肉，又有很多木质纤维。所以，叶肉部分总是先于叶脉腐烂或被吃掉。制作这样的叶脉书签，不需要强碱，不需要煮沸，只需要一双发现自然之美的眼睛。吃叶子的小动物开心，我不费力捡到漂亮的书签也很开心。

○ 海胆化石背面

◉ 2月9日野柳的海胆

台湾北海岸的野柳地质公园在我心目中绝对够得上申请世界文化遗产的标准，也是游客们偏爱的去处。除了海蚀地貌外，据传那里有化石！

这里的化石是海胆化石，它们是属于沙钱（sand dollar）类的海胆。这些海胆不是我们印象中的球形而是扁扁的，背部还有桃花花瓣的纹路，外国人说它像银币，我觉得像是一个倒扣

○ 烛台石

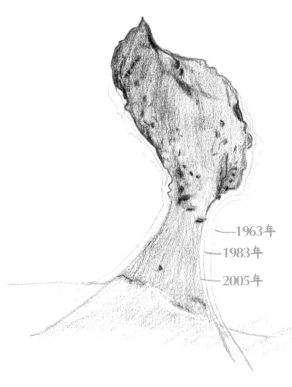

—1963年

—1983年

—2005年

○ 随着时间流逝，女王石也逐渐变得"消瘦"

的"盘子"。

有趣的是，球形海胆的屁股都长在和嘴相对的背部，沙钱类海胆因为要躲在沙子里，所以嘴长在腹面便于取食，而屁股却长在"盘子"边缘。

2月9日野柳女王

看过化石，来到了海岸边。忽然，看到惊涛拍处有奇石，竟然是一个个蜡烛形状的岩石！原来，一块岩石并不是均匀的，有些部分会硬一些，有些会偏软。所以，这些礁岩周边软的部分会先被海浪冲走，留下中间部分硬质的岩石芯，于是

就形成了这样的蜡烛。

走着走着，人越来越多，到了与女王石合影的地方！和烛台石形成方式类似，女王石的头部岩石很硬，脖子部分较软，风吹浪打久了，就形成了如今的造型。

"女王"的脖子在这几十年来越来越细，说不准哪天就会被浪拍坏，看来硬着头皮的"女王"不好当啊。

2月12日
夜宿台湾桃米社区——青蛙阿婆家

晚上窗外飘来一阵熟悉的声音，就是传说中的莫氏树蛙！

莫氏树蛙是台湾的特有种，背部绿色，肚皮橘红色或橘黄色，腹面和侧面散着一些小黑点，这是辨别它的重要特点。

晚上，我和房客们随着青蛙阿婆夜观，它就躲在一堆大藻的背后，蹲在一片漂浮的落叶上，黑色的瞳孔周围是明亮的橘黄色。没想到还在冬天，我就能见到它，而且是这么不经意情况下的邂逅。树蛙能这样幸运地存活下来，少不了桃米社区的人对自然的关爱，他们为这些动物提供了如此惬意且不受伤害的住所，而青蛙们也活跃了当地的经济，让整个社区可持续地发展下去。

2月12日 神秘的伤疤

在桃米社区闲逛的时候，忽然发现路两边

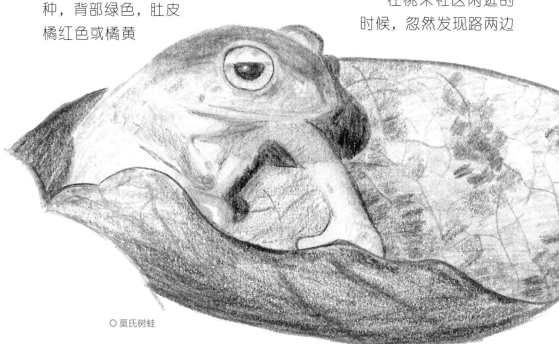
○ 莫氏树蛙

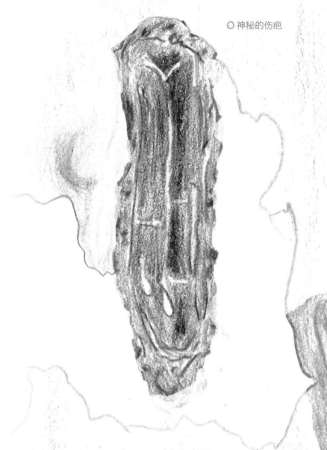

◎ 神秘的伤疤

的树上有深浅不一的条纹，细细看去有的棕红色很深，有些是很浅的绿色。这难道就是独角仙啃的？问了同伴，得到了肯定的答复。

人们常说：人怕丢脸，树怕剥皮。但是这个啃树皮的家伙却很懂得啃皮之道。如果是横着啃了一圈，这棵树就活不了了，这对于独角仙无异于杀鸡取卵。所以，独角仙们都要竖着啃树皮，这样才能永远不会饿肚子，它们真是深谙生存之道的家伙呀！

对于古欧洲北部的凯尔特人来说，每年的公历2月2日标志着春天的开始。早春的花卉已绽开了花苞，太阳正日渐温暖着土壤，小羊羔和小牛犊也要出生了，人们更是跳舞唱歌，一起欢庆这春回大地。

冬来岭南花事忙

撰文·摄影 / 孙小美

　　岭南，原指五岭以南地区，现在多指我国广东、广西、海南以及香港、澳门五地。这些地方大部分属于亚热带湿润季风气候，北回归线横穿岭南中部，夏长冬短，终年不见霜雪。即使在冬日里，依旧气候宜人，鸟语花香。

　　我们一起去追逐冬日里岭南的美妙花期。

● 坐标：大街两旁、公园 ●

走在大街两旁、街心公园，就能见到满树的花儿盛放。从那转角处远远望去，开满粉色花朵的美丽花树，就是华南人民喜闻乐见的美丽异木棉。

美丽异木棉，是木棉科美人树属，来自南美洲，是木棉的外国远房亲戚。美丽异木棉是落叶大乔木，可以长到 10 ~ 15 米。开花时，叶子已经落完，于是整棵树都被花朵装点成了粉色的火焰。忍不住想要亲近"她们"的朋友可要小心了，它们的树干下部膨大，通常长着圆锥状的尖刺，所以拥抱这个美人，可是要吃苦头的。

热带的花朵，不像其他地区的花朵那般含蓄温婉，热情奔放，开得如火如荼，毫无保留。

而火焰树开花时，赤诚热情：橙红色的花朵，一路摧枯拉朽地怒放过去，火焰般燃烧在钢筋水泥的丛林之间。火焰树同样是舶来品，家乡远在非洲热带，几乎全年可见花，简直想为它颁发个"开花劳模"的奖章了。

○火焰树

○洋金凤

看过了高大帅气的大花树，再来看个小巧玲珑的小美人。

洋金凤，豆科云实属，虽然名字里有个"洋"，却是地道的国货，产自我国的云南。它的花分橙红色或黄色两种，有豆科标志性的羽状复叶。艳丽的花朵，再加上长长的花丝伸出花朵之外，摇曳多姿，格外夺人眼球。

坐标：植物园

植物园是寻访花朵的好地方，广州的华南植物园和深圳的仙湖植物园都是有年头的植物园。年深日久，园中的植物们已经依着自己

的性子生长，树木繁盛，花草葳蕤，还有不少小动物生活在其间，一派野趣盎然。

金花茶非常稀少，与银杉、杪椤、珙桐等"植物活化石"齐名，已被列入国家一级重点保护植物，有"植物界的大熊猫""茶族皇后"之誉，还被国外称为"神奇的东方魔茶"。

这个时节，金花茶正值花季，只见它金黄色的花瓣温润通透，外层的花被片仿佛涂了一层蜡似的，在阳光中泛着闪亮的光泽。

一只叉尾太阳鸟追逐着花蜜而来，在每朵花、每个枝头间跳来蹦去，用尖而弯曲的喙吸食着花蜜，陶醉在美花和美食之间。

非洲芙蓉，来自马达加斯加，在我国的华南和西南地区都有引种栽培，是来自梧桐科非洲芙蓉属。

只见在三四米高的枝头上，垂下来一朵朵硕大的粉色花朵，怪不得这非洲芙蓉又被叫作"吊芙蓉"。每一朵大花其实都是由二三十朵小花组成的粉色花球，植物学家把这种花序称为"聚伞状圆锥花序"。这一个个大花球散发着甜美的香气，引来一群蜜蜂绕着花朵忙碌地采集花蜜，也引得我这个"树下看花人"仰头看得脖子都酸了也不舍离去。

即使在冬日的兰园里，也仍然

○ 美丽异木棉

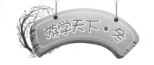
有花儿看。大花蕙兰、文心兰、禾叶贝母兰、玫瑰毛兰、牛齿兰、紫花鹤顶兰都在这里悄悄地绽放着。习惯了国兰用一个个修长花盆种植的娇贵样子，反观这里的许多兰花就随意地悬空挂在树枝上，任性地绽放在半空中，你会不由自主地惊叹生命的旺盛。

坐标：岭南山野

华南人民经常骄傲地说：我们四季都有花看！

这个时候来到山上，就会看到红花荷大红、玫红色的花朵缀满了枝头。山道上满是一棵棵开满红色花朵的花树。再凑近仔细看，小花一个个倒挂在树枝上，好像是喜庆的红灯笼。红花荷是金缕梅科红花荷属的植物，跟它的亲戚、大名鼎鼎但却长相朴素的金缕梅比起来，红花荷真是美艳动人。因此，它现在也常被人们作为栽培观赏花卉使用。

叉尾太阳鸟们，又与我们不期而遇，出现在花枝上。色彩鲜艳的叉尾太阳鸟，头颈的羽毛闪着耀眼的金属光泽，总是让人一见倾心。它们采食花蜜行动敏捷，又弯又长的喙深入花蕊中，吮吸着"甘霖"。

寒冷干旱地带的许多植物，会多依靠风媒传粉，而在温暖地区的许多植物，多是依靠鸟、昆虫来进行授粉。因此，红色、橙色的花朵，更能吸引鸟类和蝶类。鸟类和昆虫在采蜜的时候，身上不小心沾上了花粉，当它们来到下一朵花采蜜时，身上携带的花粉就落在了这朵花的

○叉尾太阳鸟

柱头上，从而间接帮助植物完成了授粉。

　　这就是植物的生存智慧，动物"无心"之间帮助植物完成了"有心"的巧妙设计。动物由此得到了食物，而植物也完成了生息繁衍过程中必不可少的一环，互惠互利，相得益彰。这就是大自然最动人之处。千百年来的自然选择，造就了动植物间协同进化的局面，它们各自为了自身利益的最大化而努力，最后，甚至达到了"天生一对、天造地设"的效果。

　　植物为了达到更好的传粉效果，设置重重障碍，将花蜜藏在幽深曲折的部位，而动物们为了吃到更多

的花蜜，最后演化出完美契合花朵形状的长长的喙或口器，如此这般。看着红花荷和吸食其花蜜的叉尾太阳鸟，我不禁思忖，又一次感叹大自然的精妙神奇。

如果有幸，在此时的岭南山林中，你还能见到珍稀的紫纹兜兰。紫纹兜兰，分布于我国的广西、广东、

○ 红花荷

○ 金花茶

香港等地以及越南境内。1850年，我国的香港岛首次发现紫纹兜兰野生植株，成为香港地区唯一兜兰属的原生物种。它美丽的形态，当即引起了人们的高度关注，还被人尊称为"香港小姐"。然而，这位兜兰界的美人儿，也因为它的美丽而命途多舛。

兜兰因其形态又常被称为"拖鞋兰"，它的唇瓣长成了一个口袋的样子，十分可爱。这并不是为了让人们喜欢，这个可爱的口袋可是"诈骗犯"的作案工具。兜兰是个狡猾的小骗子，小叶兜兰利用亮黄色的退化雄蕊来诱惑"授粉者"食蚜蝇，长叶兜兰甚至在花瓣上利用黑色突起和睫状毛伪装成蚜虫的样子，"引诱"食蚜蝇来取食。

而一旦授粉的昆虫被诱惑到了

○ 吊钟花

雄蕊上，又因为接触面太滑，常常会掉入花朵们的"口袋"中。口袋里又深又滑，而口袋的大小也正好限制了食蚜蝇展开翅膀飞走。于是，在慌乱之中，食蚜蝇会发现上方有个亮光的小通道，就急忙沿着通道往上爬。这个通道，恰恰是合蕊柱所在的内通道，也正是花粉块的所在地。虫子们爬出通道，背上势必粘上了兜兰的花粉块，就这样，花粉被带到了下一朵花上。

而这个传粉通道，也慢慢演化，变得符合主要"传粉者"的大小。所以，有些不被欢迎的造访者，无法通过这个通道带走花粉。

吊钟花，杜鹃花科吊钟花属，通常在新年前后开花。在岭南地区甚至福建、江西、湖南、湖北等省份都有吊钟花的分布。而三月份的广西大明山，吊钟花会开成一片浪漫花海，漫山遍野的粉色铃铛，如诗如画，让人陶醉徘徊、不舍离去。

由于吊钟花的花朵美丽，再加上倒挂的形状犹如一个个"金钟"，因此，是岭南地区非常受欢迎的年宵花。早在清代中叶，广东一带已有将吊钟作为年花的习俗，取其"金钟一响，黄金万两"的好兆头。

同时，吊钟花的花朵都是生长在枝顶上，亦有"高中"寓意，家中有学子的，都会在过年的时候插一瓶吊钟花；而家中有女孩的人家，则希望女儿能"高高挂起"，觅得金龟婿。过去，农民都会砍伐野生吊钟花枝到花市上售卖，久而久之，吊钟花的野生植株被破坏严重。如今，年宵花市已难觅吊钟花的身影。而我们也更希望吊钟花在广阔的山野之中自由生长，肆意绽放。

○ 紫纹兜兰的传粉通道

〇 禾叶贝母兰

如何开始一场植物的旅行

撰文·摄影 / 孙小美

到大自然中去观察植物，并不是只有高手才能做的事情。

○ 路边田间的常见小花——阿拉伯婆婆纳

○ 换锦花

植物旅行去哪儿

植物旅行并不一定要翻山越岭去远方。小区的绿化、市区的公园、近郊的山野，甚至墙脚边的一丛苔藓，都可以成为我们观察的对象。

如果选择去野外，可以去景区、森林公园等设施完备的地方。走野路的话，请务必提前了解路线，走一些成熟的户外线路，或找熟悉的带路人领路。在野外，需以安全为第一准则，切莫冲动鲁莽。有时候，花开在断崖边或陡坡上，请注意脚下，不要因为贪看美丽的花朵而忘记了危险。

如果去远方看花，请提前了解当地的气候环境，做好攻略。在陌生的地方，更需要向当地人了解情况。山区地形复杂，即使是自然保护区也充满了未知，需要找当地的向导带路。

想要寻找特定的植物，就需要了解它的生长环境，查找其他人拍摄的照片进行比对，提前收集信息。比如，苦苣苔科的植物大多喜欢生长在潮湿的石壁上，而换锦花则在海边多见，这些信息，会带着我们找到这些可爱的生灵。

巧用手册学习辨识

植物的种类实在是多，如何分辨成了困扰每个人的难事！在外出观察植物之前，可先做一些资料准备，比如选择一本适合当地图文并茂的观花手册。图文并茂的观花手册对于新手来说，相当于一本浅显易懂的"寻宝秘笈"。看不懂深奥的专业术语，咱先来对对图、找找花。

如果是园林绿化植物，可以选择一些介绍园林花卉的书籍，比如徐晔春老师的《4000种观赏植物原色图鉴》、《经典观赏花卉图鉴：1200种花卉品鉴金典》、《观叶观果植物1000种经典图鉴》等书籍。

至于野生植物，可以先选择自己所在地域的野花书籍进行日常的学习观察、对比练习。如《中国常见植物野外识别手册》丛书有山东册、古田山册，分别介绍了山东和浙江一带的植物。我的野花启蒙书是汪劲武先生的《常见野花》，主要介绍华北地区的野生花卉，当时翻了又翻，使我至今仍然对华北植物比较熟悉。

《中国野外观花系列》有华东、东北、华北、华中、华南、西南、西北七本手册，涵盖了中国野花的主要分布地区。另外，像《峨眉山

植物观赏手册》这样针对局部区域的植物手册，由于缩小了查找范围，使用起来也非常方便。

必要的户外装备

许多美丽特别的野花，都生长在受人类活动影响较小的山林中。去探访这些美丽的生灵，需要深入山野，所以寻花就是个强度不小的户外运动。做一个看花的"野人"，需要一定的体能以及基本的户外常识，还得准备一些必要的户外装备，包括：

1. 舒适合脚的登山鞋，最好有防滑、防水功能；

2. 登山杖，如果没有带，也可以在山上找合适的替代品，登山杖不仅能帮助人们走过难走的路面，更可以在下山时缓解人的膝盖压力，保护膝盖；

3. 适合运动的服装，比如去高原最好穿着既防水防风且能御寒的冲锋衣裤，而夏季出汗多，我们尽量穿着透气快干的户外服装；

4. 帽子，帽子可以在户外遮阳挡风，也可以避免被树枝扎到头、被掉落虫蚁噬咬，有些帽子有后脖的围布，效果更好；

5. 其他如手电筒、护膝、能够快速补充能量的食物、充足的水（炎热季节最好带运动饮料或者淡盐水），这些也都是必要的。

◎ 各种相关书籍

○ 温州长蒴苣苔

注意采集标本或存照

记录植物旅行中的收获，可以用采集标本或拍摄照片的方式。由于标本采集需要专业方法和器材，而且会伤及植物，如果非科研需求，并不推荐。且如今，随手拍摄植物非常方便。

给植物存照，推荐使用微距镜头，可以准确对焦植物的细小部位，普通卡片机，也会有微距功能。其次，在拍摄植物时，为了后期鉴定方便，要尽可能多拍摄各部位的细节，而不只是拍摄花朵的大头照。比较严谨的拍摄方法是：先拍一张整株株型照和生境照，然后再拍摄各部位的特写，抓住鉴定特征。例如，对于很难鉴别的杜鹃花属植物来说，其叶背的特征是非常重要的鉴定标准，所以我们要记得将叶背也拍摄下来。再如，很多龙胆科植物的萼片和花瓣背面是重要的鉴定依据，所以记得一定要拍摄花朵的背面。

及时整理收获必要的户外装备

植物旅行归来，肯定攒了一堆旅行收获——植物照。许多植物我们可能并不知道是什么，甚至连大致的分类归属也没有定论。这时，就需要进行专业鉴定。可以自己查阅植物志，也可以咨询其他植物爱好者、植物专家。

我习惯先根据行程整理照片文件夹，再根据科、属、种把植物照分门别类，这样，也可以培养自己对植物分类的熟悉度，更好地谋划下一次植物旅行。

○ 拍清肋状花的弯川

"自然天堂"
新西兰行摄笔记

撰文·摄影/荣昕 裴爽

在我们心中，堪称"自然天堂"的新西兰就如同圣殿一般：大约在一亿年前，新西兰就与大陆分离，使许多原始的动植物得以在相对孤立的环境中存活和演化，从而孕育出众多独特的生灵，如不会飞翔的几维鸟、世界上最重的昆虫巨沙螽、濒危的新西兰南秧鸡、世界唯一生长在高山的啄羊鹦鹉……新西兰的博大与神秘，一直深深吸引着我们，近期，笔者终于有机会踏上这片向往已久的神奇土地，用镜头记录下这些自然精灵的美丽身影，也使这次自然探索旅行妙趣横生、久久难忘。

探秘鲣鸟王国

○ 啄羊鹦鹉

新西兰的初夏，气候宜人，到处绿意盎然。在新西兰最大的城市奥克兰，有新西兰著名的鲣鸟王国。

新西兰是个名副其实的鸟类王国。由于岛屿孤立化，许多鸟类几乎没有天敌，食物又异常丰富，它们就择这一方乐土，安居繁衍了。在奥克兰附近，有个著名的穆里怀海滩，这里是一睹澳洲鲣

鸟风姿的最佳圣地。每年春夏，新西兰穆里怀海滩都会聚集成千上万的鲣鸟，所以，这里也被人们称为"鸟岛"。

○ 穆里怀海滩是澳洲鲣鸟的重要繁殖地

○ 鲣鸟们像军队般整齐划一地排列着

○ 鲣鸟的求偶舞

○ 澳洲鲣鸟雏鸟

鲣鸟是捕鱼高手，就连渔民也经常跟着它们追捕鱼群，并亲切地将它们称为"导航鸟"，每年春季，它们都会随鱼群来到新西兰，并在此繁衍，到了夏末，待小鲣鸟羽翼丰满，就一起返回澳大利亚。

呆萌国宝几维鸟

去新西兰怎能不去拜会国宝几维鸟？

几维鸟是新西兰特有鸟种，生性害羞，常在夜间活动，因此，想

○ 几维鸟

在野外遇到它，是非常困难的。由于新西兰得天独厚的环境，几维鸟在野外没有天敌，它的翅膀逐渐退化，渐渐失去了与生俱来的飞翔本领。几维鸟另一个有意思的地方，是具备超强的挖洞能力。它能像兔子一样住在地洞里，细长的喙是它最好的挖掘工具。有研究表明，一对几维鸟夫妇可以在自己的领地建造100多个巢穴。

○ 憨态可掬的新西兰国宝——几维鸟

○濒危的新西兰鸻

缤纷海岸，鸟类乐园

在新西兰海岸，可以观赏到许多滨海鸟类。比较常见的有斑鸬鹚和黑蛎鹬，它们在海滩上悠然自得地觅食，对过往的人并不在意。我们在新西兰海岸最大的收获，是邂逅了濒危的新西兰鸻，它已被列入《世界自然保护联盟》（IUCN）国际鸟类红皮书（2009年名录），能与之相遇无疑让人兴奋。清晨，新西兰鸻忙于觅食，这给了我们绝好的机会，按捺住激动的心情，笔

O 黑蛎鹬

者终于为这濒危而美丽的鸟儿留下了完美的定格，新西兰鸬沐浴在金色晨光中的美丽身影，至今令我难忘。

与鲸同行

乘飞机跨越新西兰北岛，我们来到南岛的基督城，这里有风景秀丽的海边小镇凯库拉。凯库拉盛产龙虾，素有新西兰"龙虾之都"的美誉。而今，人们远道而来，不仅因为鲜美的龙虾，更因为凯库拉是新西兰观赏海洋生物的胜地，从这里出海，有很大概率可以看到鲸鱼。

出海观鲸显然对我们有致命的吸引力，船在碧海蓝天间航行，头顶不时有信天翁飞过，好像预示着这次出海的好运气。

在航行了近40分钟后，幸福来得那么突然，当终于发现鲸的那一刻，全船都沸腾了。是一头抹香鲸！一种世界上最大的齿鲸，抹香鲸体长可达18米、重量超过50吨；同时，它也是哺乳动物中的潜水冠军，成年抹香鲸可潜入2200米的深海，并能在水下停留长达两小时之久。面对这庞然大物，我们不由得肃然起敬。这头抹香鲸向我们展示了几次帅气的喷水，然后以一个优雅的摆尾动作消失在海洋深处。

○ 暗色斑纹海豚

○ 憨态可掬的新澳皮毛海狮

当观鲸船途经一片海上礁石群，我们还被热情的"原住民"问候，它们是憨态可掬的新澳毛皮海狮，别看它们趴在礁石上一副慵懒的表情，其实个顶个都是敏捷、高效的猎手。新澳毛皮海狮一向注重团队合作，这大大提高了觅食的成功率，它们捕食各种鱼类，甚至连狡猾难缠的章鱼也是菜单上的一道美味。

○ 随海出行，近距离观察海洋动物

捕捉自然美好瞬间，你也可以

亲爱的读者朋友，如果你来到新西兰，一定会像我一样，陶醉于这美好的自然生境。那么，如何才能拍出好照片，笔者就来教你几招！

首先，你需要了解拍摄对象，研究它们的生活规律和习性。其次，你还需要保持耐心，总会等到你满意的瞬间。那么，究竟有哪些实用又便于掌握的小技巧，笔者这就给大家献出几个拍摄动物的锦囊妙计。

锦囊1：运用连拍抓住精彩瞬间

在野外拍摄野生动物，我们经常会用高速连拍。高速连拍可以捕捉动物的连续动作，这样就能从中挑选最为精彩的作品，把遗憾降到最低。

○ 利用高速连拍抓拍跳跃的海豚

○ 新西兰学生的自然体验课

○ 利用高速连拍抓拍跳跃的海豚

○ 黄昏时分，利用逆光拍摄的鸟类剪影

锦囊 2：巧用光线让画面更有意境

在拍摄野生动物时，我们不要拘泥于一种光线。要学会利用任何可以使用的光线进行创作。逆光和侧逆光的使用尤为重要，它们是表现轮廓和质感的有效手段，这种光线使动物隐没在暗影中，给作品一种含蓄的美感。而有时候巧妙地利用逆光和侧逆光，还能表现出梦幻般晶莹剔透的质感。

锦囊 3：抓住动物的情感，让照片真情流露

我们拍摄动物时不光要记录它们的特征，还应该记录它们的情感，这样的照片，非常具有感染力，可以引起观者的共鸣。

当然，拍摄这样的照片，你需要不懈地观察，耐心等待，在机会来临时努力把握，一定不要心急，只有这样才能获得一张有故事的照片。

锦囊4：巧用鱼眼镜头为动物拍摄可爱萌照

有没有想过，通过镜头将动物们变成动画片中的萌物？如果你的手机或相机配备了鱼眼镜头，那么不妨一试。利用鱼眼镜头特有的"哈哈镜"变形效果，可以将动物拍摄得极为可爱。

为了拍摄这样一张滑稽的照片，你需要在不打扰它们的前提下，小心翼翼地接近动物。需要注意的是，在拍摄时你必须多多尝试，找到最佳角度，才能获得一张完美的萌照。

○一对鲣鸟夫妇深情地为对方梳理羽毛

……○利用鱼眼镜头特有的"哈哈镜"效果为海狮拍摄的滑稽大头照

冬日草木行
——邂逅"醉"美四明山

撰文·摄影 / 胡冬平

八百里四明山，雄踞于东海之滨。四明山横跨鄞州、奉化、余姚、上虞、新昌等五个县市区，不仅拥有深厚的人文底蕴，也拥有迷人的自然风光。

　　心学大师王阳明曾在四明山中炼心悟道，史学大师黄宗羲曾在这里反清复明，蒋介石也曾在妙高台遥控全国局势……四明山里发生的历史故事讲也讲不完。而崇山峻岭，茂林修竹，急湍飞瀑，湖泊潭塘，也孕育了这里极为丰富的植物资源，更是吸引着众多的草木爱好者前来探访。

○ 四明山皎口水库

◎ 四明湖池杉

◎枫香

　　从节气来说，现在虽然已过小寒，但地处江南的宁波，物候却还在深秋初冬呢！城市里的许多落叶树种，颜色还在黄绿之间。而山林中的金钱松、银杏、水杉，应该黄金满眼了吧？那些枫香、乌桕、红枫，是不是已经"霜叶红于二月花"呢？还有四明湖畔最美的水上森林，是否已到景致最美的时候？想着这些草木的明媚模样，我和小伙伴们决定，周末去四明山邂逅有趣的草木。

○ 金线松

拍摄植物，最佳的时间是早晨七八点钟。此时，斜射的太阳光线最为柔和，而休息了一夜的草木，在早晨也最为生机勃勃，特别是在朝阳刚刚升起的时候，好多植物的叶片之上还挂着露珠，更是显得楚楚动人。

○ 金线松

池杉

池杉——山水间的最美天际线

当天，我和小伙伴们起了一个大早，七点多，我们便到达了余姚市梁弄镇横路村的四明湖。这是个人工湖，面积有 20 多平方千米，此时的四明湖，山水秀丽，水波浩渺，而我们最感兴趣的，是生长在这里的一大片池杉林。

池杉是杉科落羽杉属落叶植物，它主干笔直，树形美丽。池杉、落羽杉和水松等是亲水森林景观设计的常用树种。池杉最大的特色是耐水、耐湿，它的根部长期浸泡于水中，却依然长势良好。我们这次来四明湖探访，正值池杉叶片变红，我们来得正是时候。

远观四明湖，一层薄雾正氤氲于水面之上，天朗气清，一棵棵池杉，在阳光的直射下，犹如着了火一般。那一排排矗立在湖水之滨的笔直大树，在水面形成了一片片美丽的倒影，也在山水之间划出了一道动人的天际线。

○ 池杉

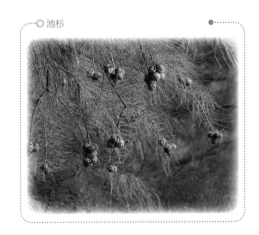

○ 池杉

○ 三脉紫菀

○ 野菊

各色野菊装点山野

逛完四明湖，我们回到了进山之路，继续前行。车子在山间公路上盘旋上升，放眼望去，大自然已将山野染出一片斑斓之色。而山路两边，到处都是菊科野花在尽情绽放。

我们走走停停，不时地下车拍照。路边的山中野菊，大多是白中略带紫色的三脉紫菀。它们成片地开在山路两边的树林中和崖面上。偶尔，我们还会发现一丛丛黄色的千里光或野菊点缀其中。这些美丽的野菊们，把山野打扮得如霞似锦，分外迷人。

○ 紫花香薷像一把大牙刷

紫花香薷——山野间的"小牙刷"

奇特的唇形科香薷属植物——紫花香薷，也不时在山野路头闪现。这种野花最有趣的地方，在于它的花序远远看来很像一把紫色的大牙刷。这些紫色的"牙刷"闪现在山野间，让人不得不感叹造物主的奇妙！

○ 紫花香薷

在山岗上感受自然律动

○ 西南卫矛

　　不知车子在山间盘旋了多久，我们终于来到了本次四明山草木之旅的目的地商量岗。这是四明山一处海拔大约 900 米的山峰。山岗上草木葱茏，风光秀丽。

　　"一山有四季，十里不同天"。这里海拔高，温度低，节气与北方同步。山下还是深秋初冬的景象，岗上的风景已然进入寒冷的隆冬了。景区入口处是一个大的山间平地。我们放眼崇山峻岭，细察草木变化，在草木之间感受四季变幻，触摸大自然的律动。

○ 西南卫矛

○ 繁缕

西南卫矛——林中"小灯笼"

去山顶蒋宋别墅的线路，既有水泥公路，也有林中小路。去年这个时节，我们顺着公路徒步上山，发现了草珊瑚、百两金、牯岭凤仙等高"颜值"的花草。今年，我们决定另辟蹊径，顺着山谷，

沿溪而行，在树林荫翳的林间小道探索前进，希望能有新的发现。就在流水潺潺的小溪边，我们发现了本次行程之中最惊艳的植物——西南卫矛。

这是一株小乔木，大约三米多高，稀稀疏疏的绿叶之间，高高低低地挂满了粉红色的"小灯笼"。其实这些小"灯笼"不是花，而是西南卫矛裂开的蒴果。西南卫矛红

色的果皮颜色之所以鲜艳诱人，主要原因是为了吸引鸟雀来啄食，以帮助其传播种子，这也是植物的智慧之处。

◎ 提前萌动的山野精灵 ◎

踏着枫叶满地的小路继续前行。路边不时遇见一些颜色翠绿的植物。一株叶片深裂的南山堇菜，居然乱了季节，在此时开出了小白花。而本该春天才会见到的刻叶紫堇，以及叶片呈小铲子形状的繁缕，还有会结红果子的蛇莓，此时正长得新鲜、水灵。不知它们是否因为弄错季节而提前萌动，不知它们能挨得过这个寒冬？

路边还有很多野果，正以其诱人的风姿，吸引着山林间的雀鸟为它们停留。小叶石楠的叶子已经凋光，只剩下晶莹剔透的小红果，高高地垂在枝头。金银花的叶子和藤，还是那么毛茸茸，枝头结出了深蓝色的浆果。

最吸引我们的，当然是来自山野间的美味——满山的高粱泡、铺地的寒莓。我们将这些酸甜可口的果实一颗颗放进嘴里，尽情地享受着来自大自然的馈赠。

◎刻叶紫堇

○ 高粱泡

○ 寒莓

一抹玫红，一抹金黄

穿过山间小路，我们最终到达目的地——蒋宋别墅区。林中点缀着一抹抹玫红色，正是云锦杜鹃涂鸦的杰作，云锦杜鹃的叶子如碧云一般集生在枝顶，花苞上还绽放出一抹玫红色。云锦杜鹃点缀在松林间，在湖面投下斑斑倒影。

别墅前，蒋介石和宋美龄曾经亲手栽种的那几株高大的银杏树，正光着枝桠，兀然挺立。银杏树金黄的落叶，铺了一地。门前的两株鸡爪槭，只剩下了枝枝丫丫，宋美龄手植的桂树，倒还是郁郁葱葱。历史的风云，或许被雨打风吹去，或许还停留在那些大树的年轮里。

此次四明山之行，让我明白，只要心系草木，热爱自然，不管什么季节，不论何种天气，随时随地都可以翻开自然这本大书。只要我们走出城市，进入山野泉林，投身大自然的怀抱，就能欣赏到各种美景，邂逅各种到有趣的植物。用心感受草木自然，生活就会充满惊喜和乐趣！

○ 云锦杜鹃细部特写

○ 云锦杜鹃

料峭二月，
寻找萌动的春意

撰文 / 张海华　绘图 / 张可航

阳历二月，哪怕是江南华东
地区，也还处于冬季，还未真正入
春。乍一看，二月的大地仍一片萧
瑟，但若多到山野海滨走走，仔细
观察就不难发现，春意已开始
萌动：好几种小野花正悄然
绽放了；冰冷的池塘里蟾蜍
们正在"搂搂抱抱"；少
数"心急"的鸟儿开始换羽，
把自己打扮得漂漂亮亮……

○ 宽叶老鸦瓣

○ 在池塘水草间抱对繁殖的中华蟾蜍

山野里的"郁金香"

二月的田间地头，在阳光充足之处，一种蓝色微紫的小花，星星点点出现了，

尽管它们在寒风中瑟缩着，但令人感受到了它们的勇敢。这种江南广布的小花，芳名"阿拉伯婆婆纳"。多年前，我第一次听到这么洋气的名字，忍不住"噗嗤"一声笑出来："什么？这路边的野草小花，居然名字这么别致？"原来，这种植物原产于西亚，但现在几乎遍布于全球了，在中国也已是归化种。

不过，此时我所在的浙江宁波，野外漂亮的常见野花，还非老鸦瓣与宽叶老鸦瓣莫属。它们中最早的一批，通常二月中旬就盛开了，那时往往是春节刚过。老鸦瓣与宽叶老鸦瓣，原本就是百合科郁金香属植物。它俩外观差别不大。老鸦瓣的花为白色，外层有紫红色条纹，叶子细长，远长于花葶；宽叶老鸦瓣的花既有白色，也有粉色，叶子宽而短，通常只比花葶略长一点。

冬天"结婚"的蛙类

巧的是，那天在温泉森林公园的山坡上，在一丛盛开的宽叶老鸦瓣下面，居然静悄悄地趴着一只土黄的癞蛤蟆。当然，它的大名应是

中华蟾蜍。

中华蟾蜍似乎只有"秋眠"而没有冬眠。在宁波入秋后，它们就开始在水中或松软的泥沙中蛰伏，到了寒冷的一二月份反而出蛰了。

在宁波，中华蟾蜍并非唯一冬季繁殖

见，我怀疑它们冬眠只在十二月到一月中下旬这两个月。二月，在四明山的小水潭里，镇海林蛙开始抱对产卵，一团团卵群依附在水草间。

的两栖动物。对于镇海林蛙、义乌小鲵来说，二月也是举行婚礼的好时光。镇海林蛙在宁波山里几乎常年可

○ 镇海林蛙

○ 换上了婚羽的黑颈鸊鷉

鸟儿逐渐换"春装"

二月下旬，如果到海边湿地，可用望远镜看到，一些凤头鸊鷉与黑颈鸊鷉已脱下色彩低调的"冬装"，换上了明艳的"春装"。

在冬羽（即非繁殖羽）时期，凤头鸊鷉的喉部是雪白的，所谓"凤头"也只是一小撮微微翘起的短发；一旦换成繁殖羽（即夏羽或婚羽），其喉部就变成了黑红，仿佛下巴长了威猛的络腮胡子，而"凤头"则成了"爆炸式"很酷的发型，如同狮王一般。黑颈鸊鷉的换装幅度更大，完全可用"华丽转身"来形容。冬羽的它全身是素净的黑白灰，除了眼睛血红，一切都平淡无奇。

当然，对鸟儿来说，如此费尽心思打扮自己，都是为了赢得心上人的芳心。三月中下旬，凤头鸊鷉与黑颈鸊鷉们都将离开江南越冬地，启程飞往北方繁殖地养儿育女去了。

二月春寒犹料峭，而野花、蛙类和鸟儿，早已"听"到并感受到了躁动的春意。那么，在温暖的室内蛰伏了一冬的我们，是不是也该多到大自然中去走走了呢？

极光映照格陵兰

撰文·摄影／倪老湿

格陵兰岛，一个气候恶劣、人口稀少的岛屿，却吸引了一批又一批的探险家和科学家来此进行冒险和科学研究。格陵兰究竟有怎样的魅力，让人对它如此着迷？因为工作的原因，我在格陵兰停留了一个多月，有幸能够深入体会这片大陆的自然环境和风土人情，探索它的神奇与美丽。

格陵兰岛

　　全世界最大的岛屿，面积超过216万平方千米，是新疆面积的1.3倍；同时也是全世界最古老的岛屿（形成于38亿年前）。虽然名字叫Greenland，但这座岛屿的80%在北极圈内，81%由冰雪覆盖，全年平均气温低于0℃。全岛人口只有5.5万，甚至比不上北京一个中型小区的人数。

○ 格陵兰的风景

TIPS:
去格陵兰旅行需要办理丹麦签证

　　虽然格陵兰地处北美洲，但外交、军事、财政依然由丹麦托管。所以想去格陵兰，必须先获得丹麦使馆签发的申根签证，同时在出行目的地上写明需要前往格陵兰。即使拥有其他国家的有效申根签证，依然需要前往丹麦使馆办理格陵兰的特别签注。

地球最北的风

　　北极的天气总是时好时坏，时速超过 100 千米的狂风在初冬时节是家常便饭。从海上刮来的风往往会带着漫天大雪。雪花如同刀片一般割在人的脸上，能见度只有一两米。行走在风雪中，停下来喘口气，前面的人瞬间就不见了踪影。偶尔开过的雪地摩托，也常常因为辨别不了方向而陷入雪中。

　　而从内陆刮来的大风，虽然不会

带来大雪，却会让温度骤然下降十多摄氏度。所以经常到了晚上，天空一片静谧，头顶是漫天繁星和极光，人却在地面上被吹得东倒西歪。

　　风雪过后，海面平静得没有一点儿浪花，世界仿佛在一片喧嚣中被按下了静音键。若不是远处偶尔传来几声悠长的狗叫，在城市生活惯的人，常常会怀疑自己的耳朵是否出了问题。极光映着远山，月光洒在海面上，仿佛置身童话世界。

无处不在的冰与雪

　　格陵兰有超过170万平方千米的冰川，厚度达到3千米，最长跨

○ 格陵兰的风景

度超过1000千米。

夏天，许多热爱户外旅行的格陵兰人，会花上3～4周的时间，踏着冰原，徒步横穿格陵兰岛；与此同时，这些亿万年才形成的广袤冰原，也是科学家研究地球气候变化的重要素材。随着全球气候变暖，格陵兰脆弱的生态正在变得越来越令人担忧。最近十年间，格陵兰失去的冰川总量从每年90立方千米增加到224立方千米，而且都是可饮用的淡水资源。这些淡水，足够满足洛杉矶两百年的用水量。

十一月底，我们抵达了位于格陵兰北部的康克鲁斯瓦格，这个爱斯基摩人定居点位于北极圈内。向导告诉我们，十年前的这个时候，海面上早就结上了厚厚的冰。而如今，依然是一片汪洋。北极熊也因为冰川的减少，找不到合适的栖息地，数量不断减少。

当然，任何事物都有两面性。冰川融化会改变海水的盐度，造成海平面上升等一系列气候问题。但对于当地人来说，捕鱼期变长了，开采原本深埋在地下的矿产资源也变得更加容易。

极地之光

极地最让人心驰神往的，应该就是极光了。极光如同一块巨大的幕布，从遥远的天空垂下，不停地改变着自己的形状。有时候，从出现到消散，可能只有几分钟；有时，却能持续数小时。这些舞动的精灵，每次都能给人带来不一样的惊喜。

极光一般呈带状、弧状、幕状、放射状，这些形状有时稳定，有时会发生连续性的变化。极光产生的条件有三个：大气、磁场、高能带

○ 格陵兰的风景

○ 极地之光

电粒子，这三者缺一不可。

极光不仅是个光学现象，而且是个无线电现象，它还会辐射出某些无线电波，可以用雷达进行探测研究。极光不仅是科学研究的重要课题，它还直接影响到无线电通信、长电缆通信，以及长的管道和电力传送线等许多实用工程项目。除此之外，极光甚至可以影响到气候，影响生物学过程。

如何拍极光

拍摄极光和拍摄星空一样，首先需要一台可以长曝光的相机（一般是单

○ 跟随爱斯基摩人去打猎

反相机，有些卡片机也可以，但效果会差很多）；其次是三脚架（或是搭建一个能够让相机稳定拍摄的平台）。

把相机在脚架上固定好，调整到手动对焦模式，把焦距调到无穷远处。把相机的感光度在性能允许范围内尽量调高，然后设定拍摄时间，并调到自拍模式。

拍摄时间不能一概而论，取决于感光度的高低、极光本身的亮度和周围的环境。如果一次拍不好也不用难过，用不同的参数多拍几次就好。调整到自拍模式是因为，当你拿手按动快门时，或多或少会造成相机震动，可能最终导致成片模糊。

按上面所说的方法，经过几次尝试，就能拍出属于你的极光照片了。

不过，旅途中最重要的还是拿我们的双眼去观察那一刻的美好，毕竟眼睛才是最好的相机。

极地的独特生活

格陵兰岛，资源相当丰富，地下埋藏着大量矿产，渔业资源也是相当可观；但从另一个层面来讲，它的资源又极为匮乏，冰川占据了绝大部分的面积，极端的气候条件也让当地人根本没办法进行农作物的种植。所以海洋成了爱斯基摩人的主要食物来源，而海豹、鲸、北极熊则是他们最珍贵的食物。海豹因为繁殖速度快，对它的捕猎是不限量的；但因为全球环境变化，鲸和北极熊的数量逐年减少，格陵兰政府也不得不开始控制当地猎人的捕猎数量，每年只有为数不多的几张捕猎许可。

因为停留的时间较长，我们跟着爱斯基摩人体验了一把在北极打猎的惊险刺激。爱斯基摩人非常好客，可以说，这是我人生吃过最特别的一顿家宴，看着他们吃得津津有味，满脸幸福的样子，然而对于我来说，这一顿爱斯基摩人大餐，让我在接下来的两天完全放弃了荤菜，全靠熬粥吃素度日。

爱斯基摩人

爱斯基摩人是北极地区的土著民族，分布在从西伯利亚、阿拉斯加到格陵兰的北极圈内外，分别居住在格陵兰、美国、加拿大和俄罗斯。属蒙古人种北极类型，先后创制了用拉丁字母和斯拉夫字母拼写的文字。多信万物有灵和萨满教，部分信基督教新教和天主教。住房有石屋、木屋和雪屋，房屋一半陷入地下。一般养狗，用以拉雪橇。主要从事陆地或海上狩猎，辅以捕鱼和驯鹿。

格陵兰的生活既静谧安宁，又充满了惊喜。可惜我们只在那里停留了很短的时间，就不得不说再见。希望下一次还能有机会再次踏上这片土地，去探索更多未知的秘密。

爱斯基摩人的食物

No.1 海豹

爱斯基摩人的眼中，海豹全身都是宝。皮可以用来做成手套、衣裤等；心、肝等内脏是最可口的刺身；肉无论生吃还是煮熟都是不错的选择；而

○ 海豹

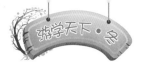
海豹的脂肪，是他们最好的御寒食物。

在爱斯基摩人的食物中，海豹脂肪是一种万能的调味剂。鱼干上可以抹一些，蔬菜可以就着吃，拌着米饭吃也是不错的选择。而正是这满满的脂肪，让我对一整桌菜产生了强烈的恐惧。

○ 北极熊

No.2 独角鲸

独角鲸是爱斯基摩人的最爱，在当地人家的大餐期间，所有亲朋好友吃的第一样，也是最多的食物就是独角鲸。

当地人最爱的不是独角鲸的肉，而是鲸皮，当然必须是带膘的那种。切成小块，撒上一点儿鸡精，就成了最美味的刺身。我尝了几块，其实还不错，脂肪的口感接近三文鱼，皮嚼起来却很硬，有些难以下咽。

No.3 北极熊

作为北极顶级的猎食者，也只有人类能够把北极熊当成餐桌上的美食了。因为时代的发展，虽然北极熊依然深受老一辈爱斯基摩人的喜爱，但年轻人吃的并不多。它的肉吃起来很像牛肉，脂肪也不丰富，所以，对爱斯基摩人来说，吃北极熊更多的是体现一种象征意义。

○ 独角鲸

No.4 神秘花草

虽然爱斯基摩人喜欢吃肉食，但偶尔也还是需要吃一些花花草草调剂下口味。餐桌上总共出现了两种植物，一种是叫不上名的植物叶子和花朵，另一种是黑莓。它们都是夏天时候长在山上的野生植物。吃法很简单，从冰箱里拿出来解冻，然后配上海豹脂肪拌着吃。

No.5 各种鱼类

捕鱼业是格陵兰的支柱产业，但冬季的时候，除了海豹，人们很少能吃到新鲜的海产品。吃的大都是夏季捕获后晒成的鱼干。

○ 神秘花草

○ 光绘摄影图

光绘就要玩得 high

撰文 / 孟涵

　　顾名思义，光绘摄影就是用光当成画笔，画出想要的图案，并且用相机拍摄下来。光绘应该怎么玩？快来学学吧。

1. 照相机

光绘摄影的重点是把光源的运动轨迹拍摄下来，因此，首先需要准备的是一台具有手动模式的单反相机。

普通的数码相机和微单相机一般是没有手动模式的，如果手头只有这些相机也没关系。可以把相机调到夜景模式，并且关闭闪光灯。

○ 照相机

2. 光源

光绘的主角当然是光源。如果想要效果好，最好能用手电筒。如果实在找不到手电筒，用手机也是很方便的。

○ 光源

3. 三脚架

要想拍出清晰的光绘图案，把相机固定住是一个很重要的环节。没有三脚架也不用气馁，只要把相机放在一个平面上，保持稳定就可以了。

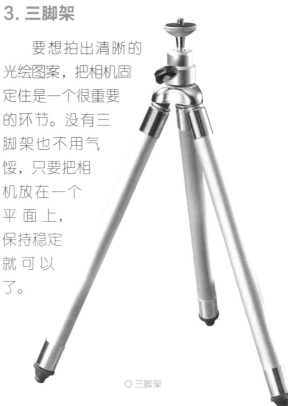

○ 三脚架

4. 地点

光绘摄影对环境要求比较高，为了保证光绘图案不受到外来光源的影响，最好在晚上找一个路灯比较少的地方。如果室内空间比较大，黑暗的室内也是很理想的拍摄地点。

怎样拍光绘

1. 设置相机

把相机调到 M 档，也就是手动模式，把快门速度调低，光圈（F）设定在 8 左右，感光度（ISO）调到最低值 100。为了方便拍摄，最好把对焦模式调到手动对焦。

前边已经提过，这些设置都是对单反相机来说的。如果你手边没有单反相机，也可以尝试用普通数码相机。数码相机的最

长的曝光时间一般在 30 秒左右，留给用光绘画的时间会比较短，难度也就比较大。

2. 开始拍摄

把相机放在三脚架上，或者放在一个稳定的平面上，就可以开始拍摄了。一般拍摄光绘需要两个人合作，摄影师负责按下快

○ 光绘摄影图

○ 设置相机

门，另外一个人在镜头前用光源画出各种图案。

一开始不熟练可能画不好，最好提前想好了要画什么，怎么画，确定一个活动的区域。另外，如果不太会后期处理照片，最好在一开始就把字反着写，这样拍下来的就是正常的字和图案啦。

3. 用手机怎么拍

手机的相机不具备长曝光功能，所以只能选择一个光线很暗的地方，关闭闪光灯。手机是不能固定的，就只能换一种方式，找一个固定的光源，按下快门之后对着光源晃动手机。这样虽然拍不出相机一样的清晰效果，但是模糊的光影也有一种朦胧的美呢。

特别提醒：

1. 利用地面的反光，拍出的照片可能效果更好。

2. 准备一些彩纸包裹在手电筒上，就能绘出不同颜色的图案了。

3. 拍摄光绘需要找比较暗的地方，拍摄的时候一定要注意安全！

○ 光绘摄影图

南极纪行

文图 / 曾平凡

南极，严酷寒冷的冰雪世界，远离人类文明的净土，地球上人类了解较少的地方。这片如梦境般宁静的天地，有着这个星球上极令人惊异的美景，也有不可思议的神奇动物。让我们跟随镜头，一同品味梦幻南极。

○ 探访南极之行

○ 南极冰川

出发去南极

南极不仅包括约 1400 万平方千米的南极大陆以及周边岛屿，还包括约 3800 万平方千米的南大洋。这是一片被咆哮的西风带和凶险的冰山群严密封锁着的广袤而又神奇的世界。也是迄今为止，人类很少涉足的区域之一。千百年来，冰雪严寒试图封锁这里的一切，但人们的好奇心与求知欲，促使一批批勇敢的探索者冲破艰难险阻，执着地探索和叩访这片神秘的冰雪世界。

每年的 12 月至次年 1 月，是南极温度最高的时候，也是南极最好的探访时间。半岛最高气温可达零下 1℃左右，大陆最高气温可达零下 30℃左右。这个时期，既能观察到成年企鹅哺育幼仔，也是观察和拍摄空中飞行的海鸟的最佳时机，因为此时南极动物们的活动非常频繁。

退而求其次的选择，是每年的 11 月和次年的 2 ~ 3 月。11 月是南半球的春末，这时南极海域的冰层开始融化，有机会看到各式各样的巨型冰山。2 ~ 3 月属于南极夏季的中后期，气温稍降，但也有好的景致。这时候，小企鹅已经经历了换毛，接近发育末期，基本已经长大。此外，这个时期通常也是鲸鱼的活跃期。

经过近30小时的辗转飞行，我们来到号称世界最南端的城市——阿根廷的乌斯怀亚。乌斯怀亚是阿根廷南部火地岛地区的首府，也是个自由港。这里离南极半岛只有800多千米，而离首都布宜诺斯艾利斯却有3200千米。

它特有的地理位置，使之成为通往南极洲的便捷门户，从而闻名世界。人们若从澳大利亚、新西兰等地乘船前往南极洲，至少需要一周的时间；而从乌斯怀亚起航，越过德雷克海峡，两天便可抵达。

南极，奇妙神秘之地

我们乘坐的海钻石号邮轮船身长124米、宽16米、重8282吨，可载客189人，邮轮还携带有18艘登陆用的橡皮艇。就这样，我们开始了为期15个昼夜的南极之旅。

此次探访，正值南极的盛夏时

○乌斯怀亚港湾

○ 中国长城站

期。当踏上南极这片无国籍的冰雪大地，狂喜的国人的第一反应就是要与五星红旗一同亮相，大喊的第一句话是："我们来啦！"

迄今为止，全世界共有二十个国家在南极设立了科学考察站。其中乔治王岛是南极科学考察站最多的岛屿，前后有九个国家在这里设立了科学考察站。1985年2月20日，我国第一个南极考察站——长城站在这里建成。

南极有无数浮动变幻的冰山，这是世界上最梦幻的一道奇观。在这些冰山间穿行，是一种惊险而震

○ 橡皮艇巡游于冰山之中

○ 我们乘坐的海钻石号邮轮及登陆用的橡皮筋

撼的体验。

　　而南极，既是妩媚的，也是狂暴的。某天深夜，熟睡中的我被大幅度的摇晃惊醒，船身在摇摆，发出"嘎吱嘎吱"的声音，桌上的物品摔得满地都是，抽屉也被摇开了。房间里的两张床好像两只游艇一样来回晃荡，人也被摇晃得掉下床去。显然，我们的船遇上大风浪了。

　　这几天在南大洋的航行感受，使我真切地明白：在茫茫大海中，一艘8000吨的船犹如一叶小舟。过了一阵子，有探险队员敲开舱门，急切地询问有没有人受伤，在得到无人受伤的肯定答复之后才安心离去，然而紧张的气氛着实让人惊出一身冷汗。

　　天亮以后，我们才知道是遇到

TIPS:
南极之最

　　南极拥有无数个世界之最。比如南极的温度最低，大部分地区长年都在零下25℃以下，冬季测得的最低温度竟达零下89.2℃，这比北极的最低温度还低21℃。又如南极的冰山最多、最大，据估算南极海上浮动的冰山多达21.8万座。

　　目前发现的最大一座冰山的面积达5000多平方千米，足足约有九个新加坡大。另外，南极的积冰最多，南极大陆上的冰盖平均厚度为2450米。最厚的地方能达到4750米。这些冰盖若全部融化，能使地球海平面升高60米。

了高达 12 级的台风、浪高 9 米。大家都知道，船身倾斜到 45 度的时候就会倾覆，据说我们的船当晚已经倾斜到了 30 度。在大海上体验 12 级台风的经历，可谓惊心动魄。然而，这就是南极！千百年来，它一面向世人裸呈自己绝世无双的冰肌玉骨，一面却以一股肃杀之气，凛然回绝着人类好奇的拜访。

企鹅，南极形象大使

终年冰雪覆盖的南极，有令人钦佩的动物精灵。它们是动物界的奇迹和骄傲，是抗击冰雪严寒的超级英雄。数亿年前，南极还是一片富饶的土地，企鹅不用飞翔就能丰衣足食，久而久之企鹅的飞行功能就退化了。随着南美洲板块与南极

洲板块的断裂，环极洋流形成，孤立的南极大陆，逐渐被冰雪覆盖，动物中能逃的都逃走了。但企鹅的先祖选择留了下来，它们逐渐适应了南极的恶劣环境。

企鹅是名副其实的南极生物形象大使。有人说，南极只有两种企鹅：迎面走来的白企鹅和离你远去的黑企鹅。虽然笑话冷了点，但这个形容很贴切。黑白色调为主的企鹅，

○ 王企鹅仿佛在向我们鞠躬

百态萌生，与纯净的南极洲绝对是天造地设的一对儿！

南极生物的一大特点是物种少，但每个物种都数量庞大。在南极，至少居住着 1 亿只企鹅。企鹅是地球上最能忍饥抗冻的动物，在漫长的极夜冬季，即使在零下 70℃ 以下的冰天雪地中，企鹅仍然可数月不进食，顽强地与饥饿和严寒抗争，直至极昼的到来。

说起王企鹅，虽然它们不如帝企鹅的名声大，且常常被误认成帝企鹅。王企鹅平均身高 90 厘米，体型仅次于帝企鹅，主要群聚在南极北部的南乔治岛。王企鹅和帝企鹅颇有"南帝北丐"之意，那么，如何分辨它们呢？王企鹅头部和

○ 王企鹅好像在列队欢迎

◎ 巴布亚企鹅

前颈部的黄色较重，其背部的灰黑色是从头到脚的，但帝企鹅是从肩到脚，这是它们外观上最显著的区别。

在这冰天雪地中，企鹅的世界着实令人震撼。南极虽然酷寒难耐，但企鹅全身的羽毛已变成重叠、密接的鳞片状，不但海水难以浸透，就是气温在零下近百摄氏度，也可以保证所需的体温。

巴布亚企鹅，又称为金图企鹅，是最能游泳的企鹅。橙色近

◎ 巴布亚企鹅是最能游泳的企鹅

○ 巴布亚企鹅

红的小嘴和橘黄淡粉的小脚，以及头部带状白色花纹，是这类企鹅的主要特征。金图企鹅是继皇家企鹅之后体型较大的企鹅。它们走路的姿态优雅，所以得了"绅士企鹅"的美名。

企鹅从海里回来之后，会把捕到的磷虾反哺给幼雏。据说磷虾可以在企鹅的体内保鲜两个多月。这就是为什么企鹅在从聚集群到海洋这段路往返上百千米，费时 60 多天之后，仍然能够有可口的磷虾反哺幼雏的原因。

阿德利企鹅是最萌的小企鹅。它们体型较小，体长 72 ~ 76 厘米，背部黑色，前胸白色，极具代表性的特征是它们的小眼睛周围有一圈白色线条，仿佛描画着白色眼线。阿德利企鹅分布较广，是南极常见的一种企鹅。

○ 阿德利企鹅

○ 海豹

◉ 南极形象大使的天敌们 ◉

　　对于企鹅来说，极可怕的莫过于海豹了。海豹有健硕的身材、非凡的勇气和锋利的牙齿，是南极生命金字塔中的顶端动物。南极共有六种海豹，它们的数量庞大，总数为 3200 万头左右，它们主要分布在南极大陆的海岸、沿边浮冰区和岛屿周围。

　　别看海豹在冰上行动迟缓笨拙，但在海里最快可达 37 千米/时。它们的潜水时间一般可长达 30 分钟，其中南极海豹潜水能力极强的是威德尔海豹，它在水里的潜水时间竟能长达 70 分钟。而豹斑海豹的食量惊人，

一只豹斑海豹一天可吃超过 15 只的企鹅，但它通常是捕捉较弱或生病的企鹅。

　　我曾拍到一组海豹吃企鹅的画

TIPS:
南极之最

　　对企鹅来说，海豹，海狮、虎鲸等动物也会对它构成威胁。弱肉强食、适者生存是大自然的规律。被吃掉的企鹅尸骨就这样被遗弃在雪地里，而企鹅平均每天也要吃掉将近一千克的磷虾。它们都是大自然食物链中的重要一环。

面，只见海豹把企鹅衔在嘴里，并不马上吃掉，而是将它的战利品翻来覆去地在水里嬉弄。这有点像猫戏老鼠一样，我好像看到那只可怜的企鹅流露出痛苦和无奈的神情。

威德尔海豹，又称韦德尔氏海豹或威氏海豹，这类海豹生活在南极洲及周围海域，好潜水，除了潜水时间长，潜水深度也可达 600 米。这类海豹喜好海冰，常在冰面上打盹，当然这也是他们躲避天敌——鲸鱼的方式。威德尔海豹背部呈黑色，其他部位呈

◇ 海豹吃企鹅

◇ 威德尔海豹

们被称为海狮或海狗，是因为人们能看到它们头部两侧的小耳朵。这类海狗可靠两翼鳍支撑地面，实现直立上身而快速行走，不过别被它们萌萌的样子给骗了，它们的口腔细菌含量很高，被咬一口可不是闹着玩的。

关爱南极，势在必行

○ 象海豹

○ 神气的南极海狗

浅灰色，外貌呆萌老实，憨态可掬。

象海豹是最大型的海豹。象海豹属有南、北两种象海豹，尤以南象海豹的体型最大。成年雄性南象海豹不仅身形硕大，还有一只特别醒目的大鼻子，可以发出非常响亮的吼声。雌性象海豹身形明显小得多。这类海豹除交配季外，总爱在沙滩上睡觉。

南极海狗，又叫作毛皮海狮，生活在南极洲水域，95% 的群聚地位于南乔治亚岛和南桑奇维奇群岛。它

你可以见证南极神奇伟大的一面，也能感受到它脆弱的一面。由于臭氧空洞的扩大，在透射进的阳光的过量紫外线和热辐射的影响下，南极冰雪正加速消融。南极是地球上气候极恶劣的地方，也是全球变暖极敏感的指示器，只要地球气候稍微变暖，南极大陆周边的海冰就会大面积收缩，这是南极海冰过量加速消融的信号，人们不应假装无视。

梦幻南极，魅力无穷。尽管它的严酷、蛮荒与风暴、冷寂构筑成一道道艰险的屏障，但这从来没有阻挡勇敢者探索的脚步，因为这里蕴藏着人类认识地球演化过程的非常原始、详尽的信息，也是人类向生命极限挑战的场所。探索、征服和保护它，人类还有漫长的道路要走，年轻的朋友们更有义不容辞的责任。

○ 冰盖在消融

怎样在低温环境下拍好座头鲸

文图 / 曾平凡

　　浩瀚的南大洋并不平静，万物都必须在竞争中生存。弱肉强食，适者生存，是颠扑不破的真理。我们追随座头鲸的踪迹拍摄，要知道在冰天雪地的极寒地区摄影，需要懂得一些小问题的解决方法，并了解在雪地拍照要注意什么。

〇 在冰雪中前行探险的橡皮艇

低温环境的拍摄有讲究

低温拍摄时，一定要加倍注意相机的保温问题。由于室外温度低，最好把相机藏在衣服里，等需要的时候再拿出来。如果不这样做，相机突然从低温环境到室内的高温环境，机身内镜片和CMOS上可能会出现结露问题，并且长期在低温环境下，相机的锂电池可能会失效，所以要尽量

○ 笔者乘坐邮轮在南极拍摄

保证机身的温度。建议相机在野外持续裸露的时间不要超过半个小时，而且在不拍摄的时候记得

○ 座头鲸一跃而起

143

要把电源关掉。同理，如果带有外接的电池盒，一样可以把电池盒放置在衣服里，通过电线给相机供电，也可以自己缝制或者购买一个电池的保暖罩。

通常来说，在零下 10 摄氏度拍摄，相机一般都没什么问题；在零下 20 摄氏度拍摄，大部分的中高端相机都没有问题；但是在零下 30 摄氏度拍摄，出不出现问题就全要看运气了。

因为在低温条件下，锂电池的电量很容易枯竭，这时候的电池储电只有在常温下的 70% 左右。所以外拍时一定要多备几块电池，另外，如果相机长时间暴露在严寒中，取景时鼻子不要过久地贴在机身上。由于金属机身导热更快，很容易冻伤摄影者的鼻子。并且，长时间取景还有可能导致相机背面显示屏结霜。如果结霜了，千万不要硬刮，以免划伤机器。拍摄结束后，在进入温暖的室内之前，最好用塑料袋把相机包裹一下，避免镜头和机身内返潮。

说了那么多寒冷、低温可能出现的问题。其实，低温也不见得都是坏事，因为温度降低，CCD 噪点也会比较低，在拍摄大场景的时候，往往成像品质会更好。

○ 座头鲸跃出水面

○座头鲸的尾巴

拍摄座头鲸的技巧

座头鲸的"座头"之名,源于日文"座",意为"琵琶",指鲸背部的形状。它的身体较宽,一般长达 13 ~ 15 米。座头鲸以跃出水面的优美姿态、超长的前翅与复杂的叫声而闻名。它们分布在从南极冰缘到北纬 65 度的广阔海面。

2014 年冬天,我在南极巡游时也遇见了座头鲸。当时乘坐的橡皮艇与座头鲸的距离和角度都比较适中,我有幸拍下了一组完整的座头鲸甩尾画面。在寒冷的南极,要看到座头鲸活动的身影,需要一点运气。但是,能不能把这精彩瞬间用镜头捕捉下来,就要讲究点技巧了。

据我拍摄的经验来说,拍摄座头鲸有三个步骤。

第一个步骤,观察和寻找

追踪座头鲸的"足迹",你会发现当座头鲸向下深潜之后,会在海面上留下一片较低的平滑水圈。除此之外,你还可以环视海面,寻找有座头鲸喷水雾的地点。当然,驾驶橡皮艇的专业探险队员会帮助你完成寻找这个步骤。

○ 座头鲸的甩尾动作相当漂亮

第二个步骤，等待

发现和追踪到了座头鲸活动的踪迹，橡皮艇会按照国际组织的规定，在距离鲸至少 100 码（约 91.44 米）开外的地方等候。这是为了给座头鲸留出活动所需的空间，不能骚扰到座头鲸。

第三个步骤，观看和拍摄

常言道，机会都是留给有准备的人。为了拍到自己心仪的照片，必须提前设定好设备：镜头建议使用 70～200 毫米变焦镜头，如有更长的镜头当然更好。当时我使用 50～500 毫米的长焦镜头，尽管锐度稍差，但首要的是保证顺利完成拍摄。至于感光度设置，前面也提到过，遇到寒冷气候，CCD 噪点相对较低，拍摄大场景的成像品质会更好。加之当时拍摄的天气比较阴，感光度可稍微设高一些，宜调整到 ISO500 以上。另外，快门速度建议控制在 1/1000 秒以上，光圈 f 值可设定在 5.6 左右。

需要注意的是，由于座头鲸整体跃出水面，或是做出漂亮的甩尾动作，都是短暂的高速运动，从出水到完全消失的全过程也就是短短的几秒钟，可谓稍纵即逝。除了快门速度要提高，选择人工智能伺服自动对焦也是保证对焦正确的有效

○ 座头鲸做出漂亮的甩尾

手段。另外，拍摄模式可设为高速连拍，总会有一张较为出色的。

座头鲸在深潜前需将尾巴露出水面，有时会全身都跃出，然后迅速向下潜。所以在海面上有座头鲸喷水雾、露脊，往往是它将把尾部露出水面的前兆。这时不妨端好早已设置的相机，一旦有动静，马上采取高速连拍的方法，准确地捕捉到想要的画面，把座头鲸在水面的瞬间完美定格下来。

图书在版编目（CIP）数据

游学天下．冬 /《知识就是力量》杂志社编．— 北京：科学普及出版社，2017.6
ISBN 978-7-110-09566-9

Ⅰ．①游… Ⅱ．①知… Ⅲ．①自然科学－科学考察－世界－青少年读物
Ⅳ．①N81-49

中国版本图书馆 CIP 数据核字（2017）第 142930 号

总 策 划	《知识就是力量》杂志社	
策 划 人	郭　晶	
责任编辑	李银慧	
美术编辑	胡美岩　田伟娜	
封面设计	曲　蒙	
版式设计	胡美岩	
责任校对	杨京华	
责任印制	徐　飞	

出　　版	科学普及出版社
发　　行	中国科学技术出版社发行部
地　　址	北京市海淀区中关村南大街 16 号
邮　　编	100081
发行电话	010-62173865
传　　真	010-62173081
网　　址	http://www.cspbooks.com.cn

开　　本	720mm×1000mm　1/16
字　　数	197 千字
印　　张	9.5
版　　次	2017 年 8 月第 1 版
印　　次	2017 年 8 月第 1 次印刷
印　　刷	北京盛通印刷股份有限公司
书　　号	978-7-110-09566-9/N·233
定　　价	39.80 元

（凡购买本社图书，如有缺页、倒页、脱页者，本社发行部负责调换）

本书参编人员：李银慧、江琴、朱文超、房宁、王滢、刘妮娜